JN154778

技術者のための確率統計学

【大学の基礎数学を本気で学ぶ】

中井悦司 著

SHOEISHA

本書内容に関するお問い合わせについて

このたびは翔泳社の書籍をお買い上げいただき、誠にありがとうございます。弊社では、読者の皆様からのお問い合わせに適切に対応させていただくため、以下のガイドラインへのご協力をお願い致しております。下記項目をお読みいただき、手順に従ってお問い合わせください。

●ご質問される前に

弊社Webサイトの「正誤表」をご参照ください。これまでに判明した正誤や追加情報を掲載しています。

正誤表　https://www.shoeisha.co.jp/book/errata/

●ご質問方法

弊社Webサイトの「刊行物Q&A」をご利用ください。

刊行物Q&A　https://www.shoeisha.co.jp/book/qa/

インターネットをご利用でない場合は、FAXまたは郵便にて、下記"翔泳社 愛読者サービスセンター"までお問い合わせください。
電話でのご質問は、お受けしておりません。

●回答について

回答は、ご質問いただいた手段によってご返事申し上げます。ご質問の内容によっては、回答に数日ないしはそれ以上の期間を要する場合があります。

●ご質問に際してのご注意

本書の対象を越えるもの、記述個所を特定されないもの、また読者固有の環境に起因するご質問等にはお答えできませんので、予めご了承ください。

●郵便物送付先およびFAX番号

送付先住所　〒160-0006　東京都新宿区舟町5
FAX番号　03-5362-3818
宛先　（株）翔泳社 愛読者サービスセンター

※本書に記載されたURL等は予告なく変更される場合があります。
※本書の出版にあたっては正確な記述につとめましたが、著者や出版社などのいずれも、本書の内容に対してなんらかの保証をするものではなく、内容やサンプルに基づくいかなる運用結果に関してもいっさいの責任を負いません。
※本書に掲載されているサンプルプログラムやスクリプト、および実行結果を記した画面イメージなどは、特定の設定に基づいた環境にて再現される一例です。

はじめに

みなさんは、「確率モデル」という言葉を聞いたことがあるでしょうか？――『技術者のための基礎解析学』『技術者のための線形代数学』の姉妹編として、確率統計学を扱う本書では、この確率モデルの考え方によって、抽象的な確率空間が果たす役割を明確にするというアプローチをとりました。

第1章の冒頭で説明するように、確率モデルというのは、現実世界の不確定な現象を「コンピューターの乱数によるシミュレーション」として再現する枠組みと捉えることができます。このような確率モデルの考え方を理解することが、確率統計学を学ぶ上での1つのポイントとなります。さらにその上で、条件付き確率や事象の独立性など、ともすれば直感的な理解にとどまりがちな点について、その基本的な性質をできるだけ厳密に導出することを心がけています。――実は、ここには、確率空間の「仕組み」を理解するという意図があります。これにより、パラメトリック推定や仮説検定など、確率モデルを構成・検証する手続きについて、その役割をより明瞭に理解することができます。

「機械学習に必要な数学をもう一度しっかりと勉強したい」、そんな読者の声が本シリーズを執筆するきっかけでしたが、今、IT業界を中心とするエンジニアの方々からは、機械学習の理解という目的に限らず、もう一度、数学を学び直したいという声を耳にすることが増えてきました。プロとしてITに関わる方なら誰もが知っているように、ITを学ぶ際に最も大切なことは、表面的なコマンドの使い方を覚えるだけではなく、その背後に隠された「仕組み」を理解するということです。これは、数学の世界でも変わりありません。

「基礎解析学・線形代数学・確率統計学」は、機械学習に深く関連する分野であると同時に、理工系の大学1、2年生が学ぶ数学の基礎、言うなれば、大学レベルの本格的な数学への入り口ともなる領域です。本書を含む3部作を通して、直感的な理解にとどまらない、「厳密な数学」の世界をあらためて振り返り、じっくりと味わっていただければ幸いです。あるいはまた、受験勉強から解放されて、あこがれの大学数学の教科書を開いたあのときの興奮をわずかなりとも思い出していただければ、筆者にとってこの上ない喜びです。

中井悦司

謝辞

本書の執筆、出版にあたり、お世話になった方々にお礼を申し上げます。

本シリーズの構想は、翔泳社の片岡仁氏からの「数学の本でも書きませんか？」という軽い一言から始まりました。当時、筆者が執筆した『ITエンジニアのための機械学習理論入門』（技術評論社）の読者の方から、「この本にある数式を理解したくて、あらためて数学の勉強を始めました！」という声を聞き、何かその手助けができないか……と考えていた折、そのお誘いに乗らせていただくことにしました。決して万人向けとは言い難い数学書の企画に賛同いただき、書籍化に向けた支援をいただいたことにあらためて感謝いたします。

そして、いつも新しいネタを見つけては執筆に没頭する筆者を温かく見守り、心身両面で健康的な生活を支えてくれる、妻の真理と愛娘の歩実にも、さらにもう一度（？）、同じ感謝の言葉を贈りたいと思います。――「いつの日か、お父さんの本で勉強してくれるとうれしーなー」

本書について

対象読者

- **大学1、2年の頃に学んだ数学をもう一度、基礎から勉強したいエンジニアの方**

※理系の高校数学の知識が前提となります。理工系の大学1、2年生が新規に学ぶ教科書としても利用していただけます。

本書の読み方

本書は、第1章から順に読み進めることで、確率統計学の基礎を順序立てて学んでいただける構成となっています。数学の教科書では、「定義」「補題」「定理」「系」といった形で、体系立てて主張をまとめる構成も見られますが、本書では、あえてそのような構成にはしていません。1つのストーリーとして本文を読み進めることで、自然な流れの中で、各種の主張が説明・証明されていきます。まずは、お気に入りのノートと筆記具を用意して、本文の説明に従って、丁寧に式変形を追いかけてみてください。本文の中で証明した各種の定理は、各章の最後に「主要な定理のまとめ」としてまとめてあります。本文中では、章末のまとめに対応する箇所を▶定理1のように示してあります。

また、各章の最後には、いくつかの練習問題を用意しました。具体例を通して理解を深めるための計算問題も含めてあるため、本文中の一般的な理論説明だけでは消化不良と感じる際は、ぜひこれらの問題にも取り組んでください。問題数はそれほど多くないので、より多くの計算問題を通して理解を深めたいという方は、演習問題を集めた書籍を別途活用するとよいでしょう。

ただし、機械学習などの応用理論を理解する上では、計算方法だけではなく、「なぜそれが成り立つのか」という理論的な理解もまた大切です。機械学習の教科書や論文では、具体的な数字を使った計算が現われることはほとんどありません。これらを読みこなすために必要となるのは、あくまで、本書の中で進められる議論と同様の理論的な理解です。そのため、本書で解説している確率モデルの考え方を理解した上で、確率空間や確率変数の性質がその定義からどのように導かれるのかといった理論展開を自分の頭で追いかけていくことも重要な演習であることを忘れないでください。

最後に、本書の構成を検討するにあたっては、『統計学』(草間時武/著、サイエンス社、1975年)、および、『プログラミングのための確率統計』(平岡和幸・堀 玄/著、オーム社、2009年)を参考にさせていただいたことを付記しておきます。

各章の概要

第1章　確率空間と確率変数

確率統計学の基礎となる「確率モデル」の考え方を説明した上で、確率モデルを数学的に表現する確率空間を定義します。さらに、離散的な確率空間を用いて、条件付き確率などの確率に関する基本計算、そして、確率変数と確率分布の考え方を説明します。確率空間の理論的な理解を深めることを念頭に置き、事象の独立性など、感覚的な理解にとどまりがちな内容についても、定義にもとづいた厳密な導出を行ないます。

第2章　離散型の確率分布

「根元事象に伴う数値データ」として確率変数をとらえた場合、確率変数の特徴を通して、その背後にある確率的な事象の性質を把握することが確率統計学の1つの目標となります。ここでは、確率変数の特徴を把握する道具として、期待値・分散・相関係数などの計算方法を説明します。また、二項分布やポアソン分布など、主要な確率分布の性質を紹介し、さらに、有限個の観測データから背後の確率分布を推測するという、モデル推定の考え方を大数の法則を通して説明します。

第3章　連続型の確率分布

現実世界で観測される現象には、実数値全体など、連続的な値を取るものがあり、このような現象を確率変数で表わすには、標本空間が非可算無限集合となる、連続的確率空間が必要となります。本章では、このような連続的確率空間、および、連続型の確率変数を取り扱います。また、連続型の確率変数の代表とも言える正規分布について、確率密度関数の一般形を導き、その基本的な性質を説明します。

第4章　パラメトリック推定と仮説検定

前章までは、確率空間にもとづいて、現実世界で発生する事象の確率を計算する手法を説明してきました。ここでは、逆に、現実世界の観測データを用いて、それに適合する確率モデルを構成する手法であるパラメトリック推定、さらには、自分が構成した確率モデルを観測データに照らし合わせて、そのモデルを受け入れるかどうかを判定する手続きである仮説検定について説明します。

付録A　機械学習への応用例

本書は、先に出版された『技術者のための基礎解析学』『技術者のための線形代数学』の姉妹編となっており、この3冊を通じて、基礎解析学、線形代数学、そして、確率統計学の3つの分野を学べるように編纂されています。そして、これらを総合した応用分野の1つに機械学習があります。ここでは、これら3部作のまとめとして、機械学習の基礎的なアルゴリズムについて、その原理を数学的な観点から解説します。

ギリシャ文字一覧

大文字	小文字	読み方
A	α	アルファ
B	β	ベータ
Γ	γ	ガンマ
Δ	δ	デルタ
E	ϵ	イプシロン
Z	ζ	ゼータ
H	η	イータ
Θ	θ	シータ
I	ι	イオタ
K	κ	カッパ
Λ	λ	ラムダ
M	μ	ミュー
N	ν	ニュー
Ξ	ξ	グザイ
O	o	オミクロン
Π	π	パイ
P	ρ	ロー
Σ	σ	シグマ
T	τ	タウ
Υ	υ	ユプシロン
Φ	ϕ または φ	ファイ
X	χ	カイ
Ψ	ψ	プサイ
Ω	ω	オメガ

機械学習に必要な数学

現在、一般に広く活用されている機械学習は、「統計的機械学習」と呼ばれることもあるように、学習用データを通して、現実世界のデータが持つ確率分布を推定するという考え方が基礎になります。そのため、機械学習の理論的な側面を理解する上では、確率分布や条件付き確率など、本書の主題でもある確率統計学に関する基本的な計算手法に精通する必要があります。

次に、機械学習のモデルを数学的に記述する際は、線形演算がその中心となることが多く、行列を用いた表現が多用されます。また、これに関連して、学習データが持つ特徴量を高次元のベクトル空間の要素として表現することもよく行なわれます。そのため、線形代数学で学ぶ行列演算の規則、あるいは、基底ベクトルの線形結合といったベクトル空間上の演算手法にも精通することが求められます。

そして最後に、機械学習の学習処理、すなわち、モデルの最適化では、勾配降下法をはじめとした最適化計算の理解が必要となります。ここでは、解析学（微積分）が重要な基礎知識となります。計算機上で実際に行なう最適化処理としては、勾配降下法が中心となりますが、「何をどのように最適化するべきか」という理論的な導出の過程においては、さまざまな確率分布を含む誤差関数を解析的に調べる必要があります。その意味においては、確率統計学、線形代数学、解析学を組み合わせた総合的な理解こそが、機械学習を支える数学の基礎と言えるでしょう。

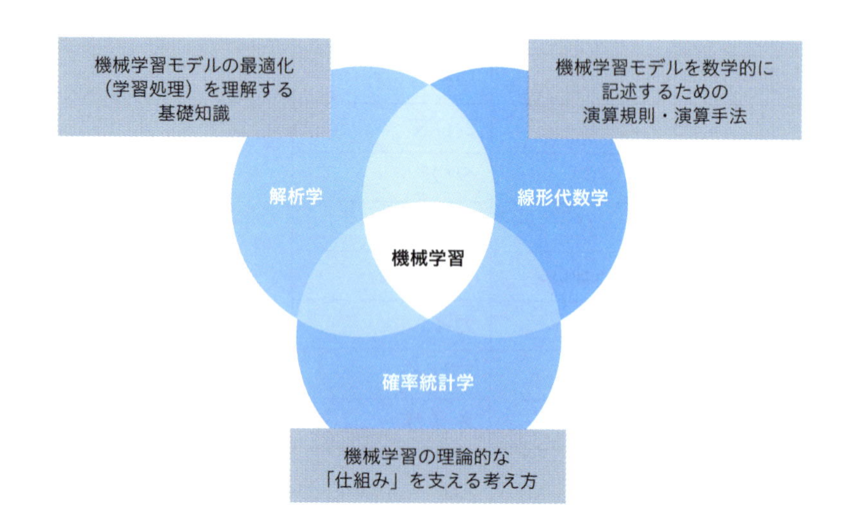

目次

Appendix A　機械学習への応用例

Appendix B　演習問題の解答

付属データ／会員特典データについて

本書の各章末に掲載した「主要な定理のまとめ」を抜き出した小冊子や著者書き下ろしの特典記事（いずれもPDF形式）を翔泳社サイトからダウンロードできます。詳細は奥付（p.220）を参照してください。

確率空間と確率変数

本章では、確率統計学の基礎となる「確率モデル」の考え方を説明した上で、確率モデルを数学的に表現する確率空間を定義します。さらに、条件付き確率などの確率に関する基本計算、そして、確率変数と確率分布の考え方を説明します。ここでは、説明を簡単にするために、離散的な確率空間のみを扱います。連続的な確率空間については、「第3章　連続型の確率分布」であらためて説明します。

1.1 確率モデルの考え方

はじめて確率を学ぶ初心者がつまずきやすい点の1つに、「現実世界で観測される確率的な現象」と、「数学的に構成された確率モデル」の対応関係があります。ここには、大きく2つの注意点があります。

まず、サイコロの目、明日の天気、そして、野球の試合の勝ち負けなど、現実世界で起きる出来事にはさまざまな不確定性があり、しかも、そのような不確定性が発生する原因は千差万別です。しかしながら、確率モデルは、現実世界の出来事を必ずしも根本原因から厳密に記述することを目指すものではありません。割り切った言い方をすると、根本原因を一旦無視して、コンピューターの乱数によるシミュレーションで、現実世界の不確定な現象を（できるだけ正確に）再現することを目指したものが確率モデルと言えます。つまり、根本原因を解明するのではなく、あくまで観測される事象を再現することが確率モデルの当初の目標と考えてください（図1.1）[※1]。

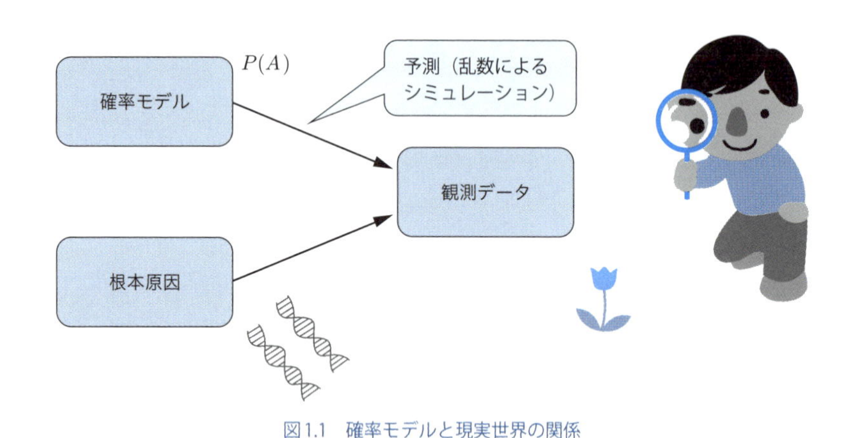

図1.1　確率モデルと現実世界の関係

※1　現実世界の現象を再現する確率モデルを構築した後に、次のステップとして、不確定性の真の原因を探る手がかりとして、その確率モデルを活用することはあります。

次に、このような確率モデルを利用する際は、確率モデルから現実世界の現象を予測するという視点と、逆に現実世界の現象（観測データ）をもとにして、対応する確率モデルを推定するという視点があります（図1.2)。現実の問題に確率モデルを適用する際は、まずは、現実世界のデータからモデルを推定して、さらに推定したモデルで現実世界についての予測を行なうという手順になります。しかしながら、確率について学習する際は、この順序が逆になります。この後の例で示すように、まずは、「根元事象とその確率」を確定した上で、そこからどのようなことが予測できるのかという「確率計算」の手法を学びます。その後、現実の観測結果から、それにマッチする確率モデルをどのように構成するのかという「モデル推定」の理論を学びます。そしてさらには、ある確率モデルが現実と合うことをどのように判定するのかという「仮説検定」へと進みます。

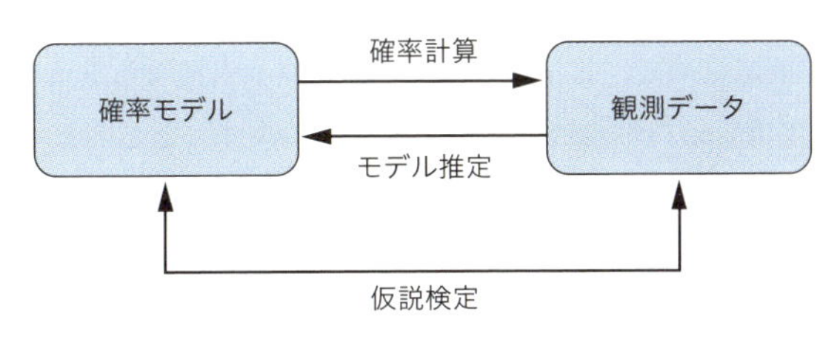

図1.2　確率モデルの利用パターン

本書を含めて、ほとんどの教科書はこの流れになっていますが、前述した確率モデルの根本的な考え方、すなわち、「現実世界の不確定性をコンピューターの乱数でシミュレートできるように、割り切って単純化したモデル」という点が理解できていないと、「確率計算」「モデル推定」「仮説検定」の関連がうまく把握できず、「結局のところ、何をやっているのかよくわからない……」ということになります。そこで、ここではまず、確率モデルの基本的な考え方を整理しておきましょう。

先ほど、現実世界の不確定性の原因は千差万別と言いましたが、実際のところ、真の根本原因を解明するのはそれほど簡単ではありません。たとえば、「サイコロを投げたときに出る目」をシミュレートするコンピュータープログラムを作成するとします。この際、現実のサイコロを厳密にシミュレートとするとなると、サイコロを投げる手の動きからはじまり、サイコロが転がる際の物理法則まで考える必要があります。そこまですれば、手の動きの微妙な違い、あるいは、サイコロが転がる机の微妙な傾斜の違いによって、サイコロの目がどのようにばらつくかが決まるはずです。

もちろんこれは、現実的にできることはありません。ただ幸いなことに、ほとんどの目的において、そこまでの根本原因を理解する必要はありません。組み込みの乱数関数を用いて1から6の値を出力すれば、それで十分です。この「現実世界の不確定性を単純な乱数で置き換える」という点に、確率モデルの本質があります。詳しくは次項で説明しますが、「サイコロの目」のように、発生する事象のそれぞれ（根元事象）に一定の確率値を事前に割り当てておき、コンピューターの乱数を用いて、割り当てた確率に比例した割合でそれぞれの事象が発生すると仮定します。その前提のもとにおいて、サイコロの目が3以上になる頻度はどの程度なのか、あるいは、2つのサイコロを投げた際にゾロ目になる頻度はどの程度なのかといった応用計算を進めます。あくまで、根元事象に対する確率は事前に決められているわけです。

このとき、サイコロのように、容易に繰り返しができる事象であれば、このような確率モデルを利用することに違和感を抱くことはないでしょう。言い換えると、根元事象に対する確率を事前に決めて、コンピュータープログラムによるシミュレーションを行なうことは、「現実世界の自然な代替品」と考えられます。ところが一方で、現実世界には、「一度限りの不確定な現象」というものもあり、このような現象については、「根元事象を明確にしないまま確率について考えてしまう」という過ちがしばしば発生します。最近耳にした例ですが、次のような問題があります。

「2つの封筒のそれぞれにお金が入っていて、一方には他方の2倍の金額が入っている。好きなほうをあげると言われて、一方を開けたら1万円が入っていた。ここで、今ならもう一方に交換してもよいと言われた。交換したほうが得かどうか答えよ。」

いろいろな考え方がありそうですが、ある人はこう言います（図1.3）。「もう一方に入っている金額は、5千円か2万円のどちらかである。5千円と2万円の確率は五分五分だから、交換したときの期待値を計算すると $\frac{1}{2}\times 5{,}000+\frac{1}{2}\times 20{,}000$ で、12,500円。つまり、期待値は1万円より大きいのだから、交換したほうが得になる。」―― さあ、この意見はどこまで信用してよいのでしょうか？

実は、この意見の重要なポイント（もしくは、見落とし）は、「5千円と2万円の確率は五分五分だ」と頭ごなしに決めた点にあります。問題作成者の真意はわかりませんが、これは、問題の条件をあえて曖昧にすることで、さまざまな確率モデルが想定できるように仕掛けられていると思われます。実際、サイコロの例のように、この状況をシ

図1.3　交換したときの期待値は？

ミュレートするコンピュータープログラムを作ることを考えると、もう少し前提条件を明らかにしないと話が先に進まないことがすぐにわかります。この状況をシミュレートするには、はじめに2つの封筒に入れる金額を何らかの方法で決定する必要がありますが、この時点で、「それぞれの封筒にどのような金額がどのような確率で入れられるか」という根元事象とその確率を定義する必要があります。ここでいくつかの前提が必要となります。

今の場合、一方には他方の2倍入っているという前提があるので、まずは、少ないほうの金額を決める必要があります。これが、「お年玉をあげようとしている（ちょっと意地の悪い）親戚の叔父さん」という設定であれば、その金額の範囲には常識的に上限があります。そこまで考えると、先ほどの「5千円と2万円は五分五分の確率」というのは、必ずしも当てはまらないことに気がつきます。仮に、2万円のお年玉なんてとても期待できない叔父さんなら、5千円の可能性しか残らないでしょう。1万円の封筒を引き当てた時点で、喜んでそれを受け取るほうが賢明と言えます[※2]。

これは言い換えると、「少ないほうの金額」という根元事象にどのような確率を割り当てるか、すなわち、確率モデルをどのように設定するかによって、選択を変えた際の期待値が変わることを意味します。そして、さらにここで重要なのは、「どのような確率モデルが現実の不確定な現象に正しく当てはまるのか」は、必ずしも自明ではないと

※2　この問題のより具体的な確率計算と、コンピュータープログラムによるシミュレーション結果を示した解説PDF「お年玉の確率問題 ―― 解説編」を本書の購入特典としてダウンロードすることができます。詳細は奥付（p.220）を参照してください。

いう点です。叔父さんの性格をどのように想定するかによって、封筒に入る金額の範囲と確率は、いかようにでも設定できます。とはいえ、そこがあやふやなままでは話が先に進まないので、まずは、「一定の確率値が付与された根元事象の集合」の存在を何らかの形で仮定します。そして、そこから計算によって得られる結論が、現実の事象と一致するかどうかによって、その確率モデルが正しいかどうかを検証していきます。あるいは、確率モデルに含まれるパラメーターを調整することで、より現実世界にマッチする確率モデルを作り上げていきます。これらがまさに「仮説検定」、および、「モデル推定」の考え方にあたります。

上記の「お年玉問題」のトリックは、これがあくまで架空の話であり、現実の観測データを用いた仮説検定やモデル推定ができないという点にあります。サイコロのように、「1から6の目が同じ頻度で出現する」という、観測データを用いるまでもなく、万人が同意する前提条件があればよいのですが、そこもまた明示されていません。つまり、確率の問題として取り扱うには、あまりにも前提条件が不足しているのです。

繰り返しになりますが、確率モデルというのは、「根元事象に対する確率を事前に設定することで、コンピューターによる乱数でシミュレーションできるようにしたもの」にすぎません。確率の問題を考える際は、まずは、「コンピューターによる乱数でこの問題をシミュレーションするなら、どのようなプログラムが作成できそうか」を考えるとよいでしょう。それにより、この問題が想定する根元事象（発生する可能性のある事象）は何なのか、そして、それぞれの事象にどのような確率（発生の割合）を設定するのが適切なのかという点が明確になります。

また、現実には一度限りの現象であったとしても、コンピューターによるシミュレーションの世界に置き換えれば、何度でも繰り返すことが可能になります。この考え方が理解できれば、「一度限りの現象に対する期待値とは何か？」といった哲学的な疑問もすぐに解消するでしょう。これは、現実世界を繰り返し可能な乱数によるシミュレーションで置き換えた際に、そのシミュレーションを何度も繰り返したときの平均値にあたります。次節では、このような「根元事象とその確率」の考え方をより正確に定義していきます。

1.2 根元事象と確率の割り当て

前節で説明したように、不確定性を持った現実世界の事象に対して、その根本原因を一旦無視して、一定の発生確率を割り当てることが確率計算の出発点となります。その際、どのような事象に確率を割り当てているのかを明確にするために、**標本空間**Ωを定義します[※3]。これは、確率的に発生する事柄を集めた集合で、サイコロの例であれば、次のように定義されます。

$$\begin{aligned}\Omega = \{&1\text{の目が出る}, 2\text{の目が出る}, 3\text{の目が出る},\\ &4\text{の目が出る}, 5\text{の目が出る}, 6\text{の目が出る}\}\end{aligned}$$

Ωの個々の要素（「1の目が出る」など）を**根元事象**と言います。ここでは、Ωの要素は、有限個、もしくは、可算無限個としておきます。可算無限個の例としては、「1時間あたりのメール受信数」などが考えられます。現実的には何らかの上限はありそうですが、何通までしか受信しないと明確に決めることはできないため、標本空間としては、自然数全体$\{1, 2, \cdots\}$を取ることになります。

次に、それぞれの根元事象ωに対して、確率Pを割り当てます[※4]。確率の値は、次の条件を満たすものとします。

$$\text{任意の}\ \omega \in \Omega\ \text{に対して、}0 \le P(\{\omega\}) \le 1 \tag{1-1}$$

ここで、$P(\omega)$と書かずに、$P(\{\omega\})$と書いたことには理由があります。サイコロの例で言うと、「1の目が出る確率」の他に、「偶数の目が出る確率」など、複数の根元事象を含む確率を考えることもあります。そのため、複数の根元事象を含む集合$\{\omega_1, \omega_2, \cdots\}$に対しても、確率$P(\{\omega_1, \omega_2, \cdots\})$が定められているものとします。数学的に言うと、確率Pは、Ωの部分集合から閉区間$[0, 1]$への写像を与えます。また、一般に、Ωの部分集合を**事象**と言います。たとえば、

$$\text{「偶数の目が出る」} = \{2\text{の目が出る}, 4\text{の目が出る}, 6\text{の目が出る}\}$$

※3　Ωはギリシャ文字・オメガの大文字。

※4　ωはギリシャ文字・オメガの小文字。

は事象の例になります。このような事象の中でも特に「1の目が出る」は根元事象になります。現実に観測される個々の事柄は、根元事象にあたるわけです。

そして、一般の事象の確率は、そこに含まれる個々の根元事象の確率の和で与えられます。つまり、任意の $\omega_1, \omega_2, \cdots \in \Omega$ に対して、

$$P(\{\omega_1, \omega_2, \cdots\}) = P(\{\omega_1\}) + P(\{\omega_2\}) + \cdots \tag{1-2}$$

が成り立ちます。ここで、$\omega_1, \omega_2, \cdots$ は同じ要素を含まないものとします。また、要素数は可算無限個でもかまいません。そして、標本空間そのものに対する確率、すなわち、すべての根元事象の確率の和は1になります※5。

$$P(\Omega) = \sum_{\omega \in \Omega} P(\{\omega\}) = 1 \tag{1-3}$$

また、空集合 $\phi = \{\}$ に対する確率は、便宜上、0と定義します。

$$P(\phi) = 0$$

少し抽象的な説明が続きましたが、ここでは、以上の性質を満たす組 (Ω, P) を**確率空間**と呼びます▶定義1。現実世界の出来事について確率の議論をする際は、はじめにこのような確率空間が与えられていることが前提となります。前節で説明した「確率モデル」、すなわち、現実の事象をコンピューターによる乱数でシミュレートするためのモデルは、数学的にはこの確率空間として表現されます。

なお、「3.1　連続的確率空間」では、標本空間の要素数が非可算無限個の場合を含む、より一般的な確率空間を説明します※6。ここで定義した確率空間 (Ω, P) は、標本空間の要素数は、たかだか可算無限個なので、一般の確率空間と区別する際は、これを**離散的確率空間**と呼びます。

前述の定義から、確率空間 (Ω, P) は次の基本性質を満たすことが容易にわかります▶定理1。

※5　$\sum_{\omega \in \Omega}$ は、Ωに含まれるすべてのωについての和を取るという意味の記号です。

※6　可算無限個と非可算無限個の違いについては、『技術者のための基礎解析学』の「1.2　実数の性質」を参照してください。

- 任意の事象Aについて、$0 \leq P(A) \leq 1$
- 事象Aに対して、その余事象をA^{C}とすると、$P(A^{\mathrm{C}}) = 1 - P(A)$※7
- 任意の事象A, Bについて、$P(A \cup B) = P(A) + P(B) - P(A \cap B)$
- 事象A, Bが$A \subset B$を満たすとき、$P(A) \leq P(B)$

3つ目の性質で、特に$A \cap B = \phi$の場合は、

$$P(A \cup B) = P(A) + P(B)$$

となります。さらに、事象$A_1, \cdots, A_n$が任意の$i \neq j\ (i,\ j = 1, \cdots, n)$に対して、$A_i \cap A_j = \phi$という条件を満たしていれば、

$$P(\bigcup_{i=1}^{n} A_i) = \sum_{i=1}^{n} P(A_i) \tag{1-4}$$

という関係が成り立ちます▶定理2。

これらの内容を感覚的に理解する上では、確率を面積としてとらえるとよいでしょう。たとえば、出る目に偏りのある「イカサマサイコロ」について、根元事象の確率が次のように決まっているとします。

$$P(\{1\}) = P(\{3\}) = P(\{5\}) = \frac{1}{9}$$
$$P(\{2\}) = P(\{4\}) = P(\{6\}) = \frac{2}{9}$$

これは、偶数の目が奇数の目より2倍出やすくなったサイコロに対応します。ここで、1〜6の数字は、対応する目が出るという根元事象を表わします。たとえば$\{1\}$は、「1の目が出る」という根元事象のみを含む集合と考えてください。ここで、図1.4のように、面積1の領域をそれぞれの根元事象の確率の割合で分割した図を考えます。そうすると、「偶数の目が出る」という事象、すなわち、$A = \{2,\ 4,\ 6\}$の確率$P(A)$は、対応する領域の面積として計算されます。数式で表わすと、

※7 余事象A^{C}は、集合Ωの部分集合としての補集合$A^{\mathrm{C}} = \Omega \setminus A$を表わします。その他の集合演算の記号については、『技術者のための基礎解析学』の「1.1 集合と写像」を参照してください。

$$P(A) = P(\{2\}) + P(\{4\}) + P(\{6\}) = \frac{2}{9} + \frac{2}{9} + \frac{2}{9} = \frac{2}{3}$$

という関係が各領域の面積の足し算に対応します。「事象Aの確率$P(A)$は、Aに含まれる根元事象の確率の和になる」という事実が、ちょうど、「ある領域の面積は、それを分割した領域の面積の和になる」という事実に対応するわけです。この図を利用すれば、「偶数の目が出る」という事象の確率は、「奇数の目が出る」という事象の確率の2倍になることなどが一目瞭然です。前述した確率空間の基本性質のそれぞれについて、このような面積による理解ができることを確認しておいてください。

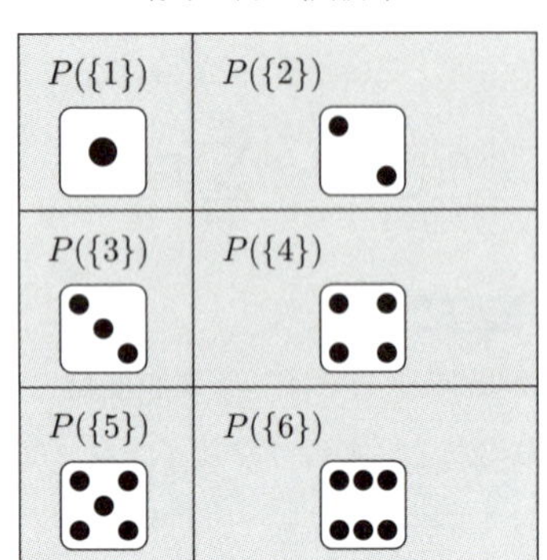

図1.4　根元事象の確率を面積で表わした図

なお、現実世界の事象を確率空間で表わす際は、何を根元事象とするかについて自由度がある点に注意が必要です。たとえば、2個のサイコロを投げたときの目を確率空間で表わす場合、それぞれのサイコロを区別して、（サイコロⅠの目, サイコロⅡの目）という値の組を根元事象とすることができます。この場合、根元事象は、全体で$6 \times 6 = 36$種類あります。サイコロの目に偏りがなければ、すべての組は均等に現われるので、それぞれの根元事象の確率は$\frac{1}{36}$になります。ここで、2個のサイコロに対する目の合計に着目します。値としては、2〜12の11通りありますが、それぞれに対応する目の組み合わせは以下になります。

$$
\begin{aligned}
2 &: (1,\ 1) \\
3 &: (1,\ 2)\ (2,\ 1) \\
4 &: (1,\ 3)\ (2,\ 2)\ (3,\ 1) \\
5 &: (1,\ 4)\ (2,\ 3)\ (3,\ 2)\ (4,\ 1) \\
6 &: (1,\ 5)\ (2,\ 4)\ (3,\ 3)\ (4,\ 2)\ (5,\ 1) \\
7 &: (1,\ 6)\ (2,\ 5)\ (3,\ 4)\ (4,\ 3)\ (5,\ 2)\ (6,\ 1) \\
8 &: (2,\ 6)\ (3,\ 5)\ (4,\ 4)\ (5,\ 3)\ (6,\ 2) \\
9 &: (3,\ 6)\ (4,\ 5)\ (5,\ 4)\ (6,\ 3) \\
10 &: (4,\ 6)\ (5,\ 5)\ (6,\ 4) \\
11 &: (5,\ 6)\ (6,\ 5) \\
12 &: (6,\ 6)
\end{aligned}
$$

したがって、たとえば、「目の合計が4になる確率」は、次のように決まります。

$$
\begin{aligned}
P(\{(1,\ 3),\ (2,\ 2),\ (3,\ 1)\}) &= P(\{(1,\ 3)\}) + P(\{(2,\ 2)\}) + P(\{(3,\ 1)\}) \\
&= \frac{1}{36} + \frac{1}{36} + \frac{1}{36} = \frac{1}{12}
\end{aligned}
$$

細かい点になりますが、この確率空間が前提とする標本空間Ωには、「目の合計が4である」という根元事象はありません。ここでは、「目の合計が4に一致する根元事象の集合」に対する確率を計算している点に注意してください。

一方、個々のサイコロの目には興味がなく、目の合計だけを観察したいという場合もあります。その際は、「目の合計値」を根元事象とした、また別の確率空間を定義してもかまいません。ただし、個々の根元事象の確率は、適切な値を事前に計算して割り当てる必要があります。先ほどの組み合わせ表を使うと、次のように決まります。

$$
\begin{aligned}
&P(\{2\}) = \frac{1}{36},\ P(\{3\}) = \frac{2}{36},\ P(\{4\}) = \frac{3}{36},\ P(\{5\}) = \frac{4}{36}, \\
&P(\{6\}) = \frac{5}{36},\ P(\{7\}) = \frac{6}{36},\ P(\{8\}) = \frac{5}{36},\ P(\{9\}) = \frac{4}{36}, \\
&P(\{10\}) = \frac{3}{36},\ P(\{11\}) = \frac{2}{36},\ P(\{12\}) = \frac{1}{36}
\end{aligned}
\tag{1-5}
$$

ここでは、たとえば、$\{2\}$は「目の合計が2である」という根元事象のみを含む集合です。ここで説明した2つの確率空間（目の組み合わせを根元事象とするもの、および、目の合計を根元事象とするもの）は、「2個のサイコロ」という、想定する現実世界の対象物は同じですが、数学的な確率モデルとしては異なるものになります。確率の計算を行なう際は、まずは、前提とする確率空間を明らかにするように意識してください。今の場合、それぞれの例について、確率空間を面積で表わした図を示すと図1.5のようになります。

個々の目の組を根元事象とする確率空間

(1, 1)	(1, 2)	(1, 3)	(1, 4)	(1, 5)	(1, 6)
(2, 6)	(2, 1)	(2, 2)	(2, 3)	(2, 4)	(2, 5)
(3, 5)	(3, 6)	(3, 1)	(3, 2)	(3, 3)	(3, 4)
(4, 4)	(4, 5)	(4, 6)	(4, 1)	(4, 2)	(4, 3)
(5, 3)	(5, 4)	(5, 5)	(5, 6)	(5, 1)	(5, 2)
(6, 2)	(6, 3)	(6, 4)	(6, 5)	(6, 6)	(6, 1)

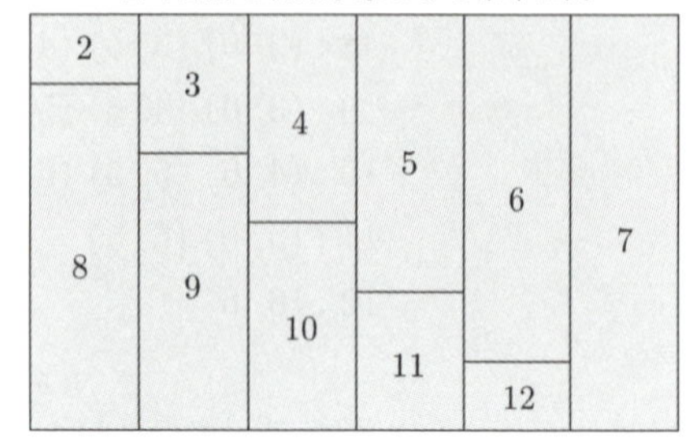

図1.5　2個のサイコロに対する2種類の確率空間

ちなみに、高校までの数学では、確率モデルを明確に定義せずに、組み合わせの数を用いて直感的に確率を計算することもありましたが、多くの場合、偏りのないサイコロのように、根元事象がすべて同じ確率を持っていることが暗黙の前提となっていました。このような場合でも、何が根元事象であり、何が同じ確率で発生するのかという点を意識しないと思わぬ間違いを犯すことになります（下記「自然現象と確率モデルの関係」も参照）。

自然現象と確率モデルの関係

本文で紹介した、2個のサイコロの目に対する2種類の確率空間は、本質的には同じ内容と言えます。サイコロの目の合計に応じて変化する現象（たとえば、すごろくゲーム）をコンピューターでシミュレートする際、個々のサイコロの目を乱数で均等に発生させて、その合計値を使って処理する場合と、目の合計値を(1-5)の確率に従って直接に乱数で発生させる場合とで、シミュレーションの結果はどちらも同じになると期待されます。目の合計を根元事象とする確率モデルは、「2個のサイコロの目が合計されている」という2〜12のランダムな値が発生する理由を(1-5)の確率値として抽象化したものと言えるでしょう。この程度の例であれば、どちらの確率モデルを用いても、計算（もしくは、コンピューターによるシミュレーション）の手間は大差ありません。しかしながら、より複雑な現象の場合は、あえて、興味のある事象について直接に確率を定義したほうが計算が簡単になることもあります。

そして面白いことに、自然現象の中には、サイコロの例のような単純な組み合わせの数からは、正しい確率が計算されないものもあります。一例として、原子核などを構成する微小粒子が持つ「スピン」と呼ばれる量の組み合わせがあります。話を簡単にするために、個々の粒子が持つスピンは、$+1$、もしくは、-1のどちらかの値を取るものとします。このような粒子が2個あった場合、それぞれのスピンの組み合わせは、

$$(+1,\,+1),\ (+1,\,-1),\ (-1,\,+1),\ (-1,\,-1)$$

の4通りがあります。このとき、それぞれの粒子のスピンはすばやくランダムに変化していると仮定すると、2個の粒子のスピンの合計が0になる確率はいくらになるでしょうか？仮に、4つの組み合わせのそれぞれを根元事象として、均等な確率$\frac{1}{4}$を割り当てた場合、この確率モデルによれば、その確率は、

$$P(\{(+1,\,-1),\ (-1,\,+1)\}) = P(\{(+1,\,-1)\}) + P(\{(-1,\,+1)\}) = \frac{1}{2}$$

と決まります。しかしながら、実際の粒子を観測した場合、実は、この確率は$\frac{1}{3}$になります。より正確には、スピンの合計値$-2,\,0,\,+2$のそれぞれが均等な割合で観測されます。つまり、原子核レベルの微小粒子に対しては、個々の組み合わせが均等に発生するという確率モデルは当てはまらないのです。その理由は量子力学によって説明されますが、結論としては、2個の粒子を区別せずに、「両方$+1$」「一方が$+1$で他方が-1」「両方-1」という3つの状態を根元事象として、それぞれに確率$\frac{1}{3}$を割り当てるという確率モデルが必要となります。このように、確率モデルの考え方を用いることで、直感に反する自然現象も適切に記述、計算することが可能になります。そしてまた、確率モデルは、時には直感に反するような、現実世界の現象を正確に理解するための道具にもなるのです。

ここで最後に、無限個の確率の和について、解析学の立場から少し補足しておきます[※8]。まず、本節の冒頭の(1-2)では、可算無限個の根元事象$\omega_1,\,\omega_2,\cdots$に対する確率の和$P(\{\omega_1\})+P(\{\omega_2\})+\cdots$が登場しました。これは、厳密には、

$$S_n = \sum_{i=1}^{n} P(\{\omega_i\})$$

※8 厳密な議論は後まわしにしたいという場合は、この後の議論は一旦読み飛ばして次節に進んでもかまいません。

で定義される無限数列$\{S_n\}_{n=1}^{\infty}$の極限$\lim_{n\to\infty} S_n$と考える必要があります。このとき、任意の事象Aに対して$0 \le P(A) \le 1$であることから、$\{S_n\}$は単調増加であり、さらに、すべての事象に対する確率の合計は1になるという(1-3)の前提がありましたので、上に有界で上限が1になります。したがって、これは、1以下の値に収束することが保証されます。さらに、各項が0以上で、その無限和が収束する級数は、和を取る順序を変えても収束する値が変わらないという性質があるため、根元事象を並べる順番を気にする必要もありません。

収束先が和の順序に依存しないことの証明は、次のようになります。一般に、ある無限数列$\{a_n\}_{n=1}^{\infty}$が、任意の$n = 1, 2, \cdots$に対して$a_n \ge 0$で、$\sum_{i=1}^{\infty} a_i = S$という条件を満たすとします。このとき、$\{a_n\}_{n=1}^{\infty}$の順序を任意に並べ替えたものを$\{b_n\}_{n=1}^{\infty}$とすると、まず、任意の$n = 1, 2, \cdots$について、

$$\sum_{i=1}^{n} b_i \le \sum_{i=1}^{\infty} a_i = S$$

が成り立ちます。なぜなら、集合として、$\{b_1, \cdots, b_n\} \subset \{a_1, a_2, \cdots\}$という包含関係が成り立ち、かつ、それぞれの要素は0以上の値だからです。上式の両辺で$n \to \infty$の極限を取ると、右辺はnに依存しないことから、

$$\sum_{i=1}^{\infty} b_i \le \sum_{i=1}^{\infty} a_i$$

が成り立ちます。一方、任意の$n = 1, 2, \cdots$について、$\{a_1, \cdots, a_n\} \subset \{b_1, b_2, \cdots\}$であることから、同様の議論により、

$$\sum_{i=1}^{\infty} a_i \le \sum_{i=1}^{\infty} b_i$$

が成り立ちます。これらより、結局、

$$\sum_{i=1}^{\infty} a_i = \sum_{i=1}^{\infty} b_i$$

が成り立つことになります。

同様の議論により、本節の(1-4)で示した性質を可算無限個の事象 $A_1, A_2, \cdots$ に拡張した形で証明することができます。つまり、任意の $i \neq j\,(i,\, j = 1, 2, \cdots)$ に対して、$A_i \cap A_j = \phi$ であれば、

$$P(\bigcup_{i=1}^{\infty} A_i) = \sum_{i=1}^{\infty} P(A_i) \tag{1-6}$$

が成り立ちます。これも直感的には明らかなことですが、厳密には、左辺と右辺では和を取る順序が異なります（図1.6)。つまり、(1-6)の左辺は、

$$A = \bigcup_{i=1}^{\infty} A_i = \{\omega_1,\, \omega_2, \cdots\}$$

として、根元事象 $\omega_1,\, \omega_2, \cdots$ を一列に並べた上で確率の和を計算します。

$$P(A) = \sum_{i=1}^{\infty} P(\{\omega_i\})$$

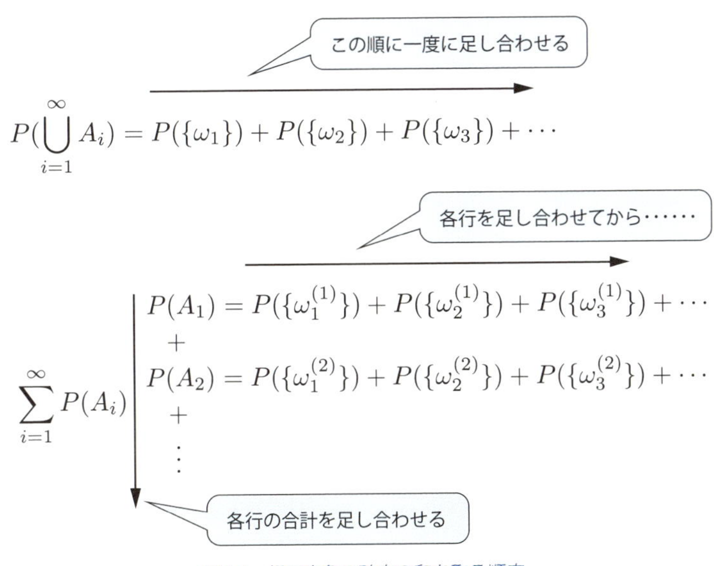

図1.6　根元事象の確率の和を取る順序

前述のように、根元事象を並べる順序は極限の値に影響しません。一方、(1-6)の右辺は、各 $A_i\ (i=1,2,\cdots)$ に含まれる根元事象について、それぞれの中で確率の和を求めた後に、さらにそれらを足し合わせます。1つの A_i の中に可算無限個の根元事象が含まれる場合もある点に注意してください。一般には、A_i に含まれる根元事象を $\{\omega_1^{(i)},\omega_2^{(i)},\cdots\}$ として、

$$\sum_{i=1}^{\infty}P(A_i)=\sum_{i=1}^{\infty}\left\{\sum_{j=1}^{\infty}P(\{\omega_j^{(i)}\})\right\}$$

という2重の極限の計算になります。内側の級数と外側の級数、どちらも単調増加で上に有界（上限が1）な数列なので、少なくとも、1以下の値に収束することは保証されます。少し長くなりますが、これらが一致して、(1-6)が成り立つことの証明は、次のようになります。

はじめに、有限個の事象 $A_1,\cdots,A_n$ について、

$$P(\bigcup_{i=1}^{n}A_i)=\sum_{i=1}^{n}P(A_i) \tag{1-7}$$

が成り立つことを数学的帰納法で示します。$n=1$ の場合は自明に成り立つので、$n=k$ まで証明されたとして、$n=k+1$ の場合を考えます。

まず、任意の $m=1,2,\cdots$ に対して、

$$\left(\{\omega_1^{(k+1)},\cdots,\omega_m^{(k+1)}\}\cup\bigcup_{i=1}^{k}A_i\right)\subset\bigcup_{i=1}^{k+1}A_i$$

であることから、

$$P\left(\{\omega_1^{(k+1)},\cdots,\omega_m^{(k+1)}\}\cup\bigcup_{i=1}^{k}A_i\right)\leq P(\bigcup_{i=1}^{k+1}A_i)$$

が成り立ちます。左辺の確率に含まれる可算無限個の要素については、先ほど示した通り、和を取る順序を自由に取れることから、左辺は次のように変形できます。

$$P\left(\{\omega_1^{(k+1)},\cdots,\omega_m^{(k+1)}\}\cup\bigcup_{i=1}^{k}A_i\right)=\sum_{i=1}^{m}P(\{\omega_i^{(k+1)}\})+P(\bigcup_{i=1}^{k}A_i)$$
$$=\sum_{i=1}^{m}P(\{\omega_i^{(k+1)}\})+\sum_{i=1}^{k}P(A_i)$$

ここでは、$\{\omega_1^{(k+1)},\cdots,\omega_m^{(k+1)}\}$の確率を合計した後に、$\bigcup_{i=1}^{k}A_i$の確率を加えるという順序で計算しています。最後の等号は、帰納法の仮定によるものです。したがって、

$$\sum_{i=1}^{m}P(\{\omega_i^{(k+1)}\})+\sum_{i=1}^{k}P(A_i)\le P(\bigcup_{i=1}^{k+1}A_i)$$

が成り立ち、両辺で$m\to\infty$の極限を取ると、

$$\sum_{i=1}^{k+1}P(A_i)\le P(\bigcup_{i=1}^{k+1}A_i) \tag{1-8}$$

が得られます。

一方、$\bigcup_{i=1}^{k+1}A_i$の要素を一列に並べたものを$\{\omega_1,\omega_2,\cdots\}$とするとき、任意の$m$について、十分に大きな$M$を取ると、

$$\{\omega_1,\cdots,\omega_m\}\subset\left(\bigcup_{i=1}^{k}A_i\cup\{\omega_1^{(k+1)},\cdots,\omega_M^{(k+1)}\}\right)$$

が成り立ちます。これより、

$$\sum_{i=1}^{m}P(\{\omega_i\})\le P\left(\bigcup_{i=1}^{k}A_i\cup\{\omega_1^{(k+1)},\cdots,\omega_M^{(k+1)}\}\right)$$

が成り立ちます。右辺の確率に含まれる可算無限個の要素については、先ほどと同様に、和を取る順序を自由に取れるので、右辺は次のように変形できます。

$$
\begin{aligned}
P\left(\bigcup_{i=1}^{k} A_i \cup \{\omega_1^{(k+1)}, \cdots, \omega_M^{(k+1)}\}\right) &= \sum_{i=1}^{M} P(\{\omega_i^{(k+1)}\}) + P(\bigcup_{i=1}^{k} A_i) \\
&= \sum_{i=1}^{M} P(\{\omega_i^{(k+1)}\}) + \sum_{i=1}^{k} P(A_i)
\end{aligned}
$$

最後の等号は、帰納法の仮定によるものです。したがって、

$$
\sum_{i=1}^{m} P(\{\omega_i\}) \leq \sum_{i=1}^{M} P(\{\omega_i^{(k+1)}\}) + \sum_{i=1}^{k} P(A_i)
$$

が成り立ちます。Mは十分に大きな任意の自然数であることから、右辺で$M \to \infty$の極限を取ることができ、さらにその後で、$m \to \infty$の極限を取ると、次の結果が得られます。

$$
P(\bigcup_{i=1}^{k+1} A_i) \leq \sum_{i=1}^{k+1} P(A_i) \tag{1-9}
$$

(1-8) (1-9) より (1-7) が成り立ち、これで有限個の事象の場合が証明されました。

次のステップとして、無限個の事象 $A_1, A_2, \cdots$ の場合を考えます。まず、任意の $n = 1, 2, \cdots$ に対して、

$$
\bigcup_{i=1}^{n} A_i \subset \bigcup_{i=1}^{\infty} A_i
$$

であることから、

$$
P(\bigcup_{i=1}^{n} A_i) \leq P(\bigcup_{i=1}^{\infty} A_i)
$$

が成り立ちます。左辺は有限個の事象についての和集合なので、先ほど示した結果から、

$$
P(\bigcup_{i=1}^{n} A_i) = \sum_{i=1}^{n} P(A_i)
$$

と書き換えることができて、次の結果が得られます。

$$\sum_{i=1}^{n} P(A_i) \leq P(\bigcup_{i=1}^{\infty} A_i)$$

両辺で $n \to \infty$ の極限を取ると、

$$\sum_{i=1}^{\infty} P(A_i) \leq P(\bigcup_{i=1}^{\infty} A_i) \tag{1-10}$$

が得られます。一方、$\bigcup_{i=1}^{\infty} A_i$ の要素を一列に並べたものを $\{\omega_1, \omega_2, \cdots\}$ とするとき、任意の m について、十分に大きな M を取ると、

$$\{\omega_1, \cdots, \omega_m\} \subset \bigcup_{i=1}^{M} A_i$$

が成り立ちます。これより、

$$\sum_{i=1}^{m} P(\{\omega_i\}) \leq P(\bigcup_{i=1}^{M} A_i) = \sum_{i=1}^{M} P(A_i)$$

が成り立ちます。右辺の等号は、有限個の事象について先に示した関係を用いています。M は十分に大きな任意の自然数であることに注意して、$M \to \infty$ の極限を取った後、さらに、$m \to \infty$ の極限を取ると、次の結果が得られます。

$$P(\bigcup_{i=1}^{\infty} A_i) \leq \sum_{i=1}^{\infty} P(A_i) \tag{1-11}$$

(1-10) (1-11) より、無限個の事象についても、

$$P(\bigcup_{i=1}^{\infty} A_i) = \sum_{i=1}^{\infty} P(A_i)$$

が成り立つことが証明されました。

1-3 条件付き確率と独立事象

条件付き確率について厳密な定義を与える前に、前節の図1.4に示した、面積による確率の表現を用いた直感的な説明を行ないます。例として、レバーを引くと、赤色、もしくは、青色のカプセルが均等な割合で出てくるおもちゃを考えます。カプセルの中には、当たり、もしくは、はずれのカードが入っており、赤色のカプセルはその$\frac{3}{4}$が当たりで、青色のカプセルはその$\frac{1}{4}$が当たりになっています。今、このおもちゃから出てくるカプセルについて、「赤／青」と「当たり／はずれ」の組み合わせを根元事象とすると、これらの確率は、図1.7のようになります。

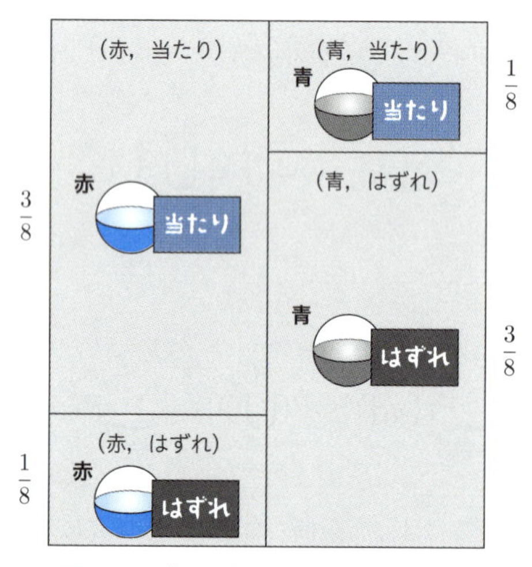

図1.7　カプセルが出るおもちゃの根元事象

この図において、赤色のカプセルの領域が、図のちょうど左半分になっていることは、次に出るカプセルが（当たり／はずれに関係なく）赤色である確率が$\frac{1}{2}$であることに対応します。一方、これを確率の定義に従ってまじめに計算するならば、根元事象$\{(赤, 当たり)\}$、および、$\{(赤, はずれ)\}$のそれぞれの確率の和として、

$$
\begin{aligned}
P(\{(赤, 当たり), (赤, はずれ)\}) &= P(\{(赤, 当たり)\}) + P(\{(赤, はずれ)\}) \\
&= \frac{3}{8} + \frac{1}{8} = \frac{1}{2}
\end{aligned}
$$

と計算されます。ここで、表記を簡単にするために、事象、

$$\{(\text{赤},\ \text{当たり}),\ (\text{赤},\ \text{はずれ})\}$$

を単に「赤」と略記すると、

$$P(\text{赤}) = \frac{1}{2}$$

が答えになります。同様にして、出たカプセルが（色に関係なく）当たりである確率は、事象、

$$\{(\text{赤},\ \text{当たり}),\ (\text{青},\ \text{当たり})\}$$

を「当たり」と略記して、

$$P(\text{当たり}) = P(\{(\text{赤},\ \text{当たり})\}) + P(\{(\text{青},\ \text{当たり})\}) = \frac{3}{8} + \frac{1}{8} = \frac{1}{2}$$

と決まります。これらは、図1.7の全体（面積1）に対して、着目している事象が占める部分の面積の割合になります。

それでは次に、出たカプセルが赤色だったとして、この前提のもとに、カプセルの中身が当たりである確率はいくらでしょうか。この場合は、赤色に対応する領域（面積$\frac{1}{2}$）の中で、当たりが占める部分の割合を考えればよく、その確率は、

$$\frac{P(\text{赤},\ \text{当たり})}{P(\text{赤})} = \frac{3}{8} \Big/ \frac{1}{2} = \frac{3}{4}$$

と決まります。ここでも表記を簡単にするために、左辺の分子では$\{(\text{赤},\ \text{当たり})\}$を「赤, 当たり」、そして、分母では、$\{(\text{赤},\ \text{当たり}),\ (\text{赤},\ \text{はずれ})\}$を「赤」と略記しています。実は、この計算結果が条件付き確率そのものになります。条件付き確率の記号を用いると、次のように表わされます。

$$P(\text{当たり} \mid \text{赤}) = \frac{P(\text{赤},\ \text{当たり})}{P(\text{赤})} \tag{1-12}$$

左辺のP(当たり | 赤)という記号は、右から左に読んで、「赤であることがわかっているときに、当たりでもある確率」と解釈してください。これを一般の事象に置き換えて、厳密に表わすと、次のようになります▶定義2。

$$P(A \mid B) = \frac{P(A \cap B)}{P(B)} \quad (1\text{-}13)$$

これが条件付き確率の正確な定義です。ここで、AとBは一般の事象、すなわち、根元事象を要素とする集合を表わします。(1-12)の例であれば、

$$A = \{(\text{赤}, \text{当たり}), (\text{青}, \text{当たり})\}, \ B = \{(\text{赤}, \text{当たり}), (\text{赤}, \text{はずれ})\}$$

となります。根元事象を具体的に並べると複雑に見えますが、(1-13)の右辺にある$A \cap B$は、「AかつB」という事象に対応しており、今の例であれば、$A \cap B = \{(\text{赤}, \text{当たり})\}$となり、(1-12)と(1-13)の右辺は確かに同じものになります。(1-13)の定義については、「Bが表わす領域の中で、Aの部分が占める割合」という面積による理解とあわせて記憶するとよいでしょう。なお、$P(B) = 0$となる場合、(1-13)の右辺は分母が0になるので、この場合は$P(A \mid B)$は定義されません。

ここで、条件付き確率について、（もしかしたら）少し不思議に感じるかもしれない例をあげてみます。先ほどのおもちゃから出たカプセルを開けたときに、当たりのカードが入っていた場合、このカプセルが赤色である確率はいくらになるでしょうか。条件付き確率の定義に従うと、当たりのカードの領域（面積$\frac{1}{2}$）の中で、赤色のカプセルが占める部分（面積$\frac{3}{8}$）なので、先と同様の略記法を用いて、

$$P(\text{赤} \mid \text{当たり}) = \frac{P(\text{赤}, \text{当たり})}{P(\text{当たり})} = \frac{3}{8} \Big/ \frac{1}{2} = \frac{3}{4} \quad (1\text{-}14)$$

と決まります。この計算は間違いではありませんが、実際の状況を想像した場合、カプセルを開けて中を見たということは、すでにカプセルの色はわかっているはずです。ここで計算した「カプセルが赤色である確率」とは、実際のところ何を表わしているのでしょうか？

これは、前節で説明したコンピューターによるシミュレーションを考えるとよいでしょう。目の前にある実物のおもちゃであれば、実際にカプセルを出せるのは1回だけ

かもしれません。しかしながら、これと同じおもちゃをコンピュータープログラムで用意すれば、まったく同じ条件でカプセルを取り出すという処理を繰り返すことができます。一例として、同じ処理を1万回繰り返したとして、その中で当たりが出た場合だけを集めます。この当たりが出たグループの中で、カプセルが赤色だったものはどれだけあるでしょうか？　個数の割合で言えば、「当たりかつ赤色の個数÷当たりの個数」は、おおよそ、P(赤, 当たり) / P(当たり)に一致すると期待ができます。これが、(1-14)が表わす条件付き確率の意味になります。

一般に、確率論における「確率」というのは、「同じ条件の試行を何度も繰り返した際に、該当の事象が発生する割合」と考えるとよいでしょう。現実には一度しか起きない事象であっても、これをコンピューターのシミュレーションで何度も繰り返せるように置き換えたものが、数学における確率モデルなのです※9。

ここで、条件付き確率の定義からすぐに導かれる関係をいくつか紹介します▶定理3。まず、(1-13)の分母を払うと、

$$P(A \cap B) = P(A \mid B)P(B) \tag{1-15}$$

が得られます。「Bの確率$P(B)$」に「Bの下でAになる確率$P(A \mid B)$」を掛けると「BかつAの確率$P(A \cap B)$」が得られると覚えるとよいでしょう。一般に、確率$P(A \cap B)$のことを事象Aと事象Bの同時確率と言います。

この関係を繰り返し利用すると、3つの事象A, B, Cについて、$P(B \cap C) > 0$という前提のもとに、

$$P(A \cap B \cap C) = P(A \mid B \cap C)P(B \cap C) = P(A \mid B \cap C)P(B \mid C)P(C)$$

となることもわかります。このとき、$P(C) \ge P(B \cap C) > 0$より、$P(C) > 0$が必ず成り立ちます。一般には、事象$B_1, \cdots, B_n$に対して、$P(B_1 \cap \cdots \cap B_n) > 0$であれば、$P(A \mid B_1 \cap \cdots \cap B_m)$を$P(A \mid B_1, \cdots, B_m)$と略記して、

$$P(B_1 \cap \cdots \cap B_n) = P(B_1 \mid B_2, \cdots, B_n)P(B_2 \mid B_3, \cdots, B_n) \cdots P(B_n)$$

※9　おもちゃの例であれば、実物のおもちゃで試行を繰り返すこともできますが、この場合、取り出したカプセルはおもちゃの中に戻すなどして、毎回の条件が変わらないように注意する必要があります。

が成り立ちます[※10]。

続いて、事象 $B_1,\cdots,B_n$ は、互いに重なりがなく、かつ、標本空間 Ω 全体を覆うものとします。より正確に表現すると、

- 任意の $i,\,j=1,\cdots,n$ について、$i\neq j$ であれば $B_i\cap B_j=\phi$
- $B_1\cup\cdots\cup B_n=\Omega$
- 任意の $i=1,\cdots,n$ について $P(B_i)>0$

という条件を満たすものとします。このとき、任意の事象 A について、次が成り立ちます ▶定理4。

$$P(A)=\sum_{i=1}^{n}P(A\cap B_i)=\sum_{i=1}^{n}P(A\mid B_i)P(B_i) \tag{1-16}$$

ここで、事象の集合 $\{B_1,\,B_2,\cdots\}$ が可算無限個の要素を持つ場合は、上記の和を無限級数と考えて、同じ関係が成り立ちます。これは面積の図で理解することもできますが、可算無限個の場合を含めて、きちんと計算で示すなら次のようになります。

$$\begin{aligned}P(A)&=P(A\cap\Omega)=P\left(A\cap\left(\bigcup_{i=1}^{\infty}B_i\right)\right)=P\left(\bigcup_{i=1}^{\infty}(A\cap B_i)\right)\\&=\sum_{i=1}^{\infty}P(A\cap B_i)=\sum_{i=1}^{\infty}P(A\mid B_i)P(B_i)\end{aligned}$$

3つ目の等号は集合演算の分配則で、4つ目の等号は前節の最後に示した(1-6)の関係を用います。最後の等号は、(1-15)より成り立ちます。なお、上記の計算の過程をよく見ると、集合としての等式、

$$A=\bigcup_{i=1}^{\infty}(A\cap B_i)$$

が本質的な役割を果たしていることがわかります。確率を面積で表わすたとえを用いる

※10　証明については、p.49「1.6　演習問題」問4を参照。

ならば、図1.8のように、Aに対応する領域の面積をそれぞれのB_iとの重なり部分に分割して計算していることになります。あるいは、先ほどのカプセルが出るおもちゃの例を用いて、$A=$「赤色のカプセルが出る」、$B_1=$「当たりが出る」、$B_2=$「はずれが出る」という事象の場合を考えると、簡略化した記法を用いて、

$$P(\text{赤}) = P(\text{赤} \cap \text{当たり}) + P(\text{赤} \cap \text{はずれ})$$

という関係が得られます。つまり、「赤／青」と「当たり／はずれ」という2種類の条件がある際に、両方の条件を考慮した同時確率について、一方の条件についてすべての場合を網羅した確率を足し合わせることで、他方だけに注目した確率が得られることを表わします。

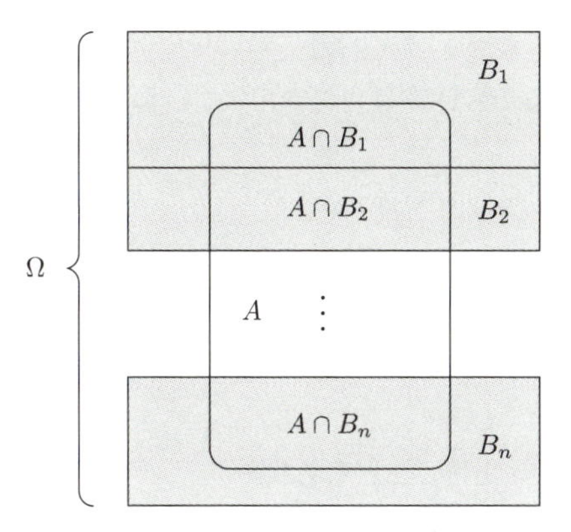

図1.8　$B_1, \cdots, B_n$でAを覆う様子

(1-16)を用いて事象Aの確率を計算することを周辺確率を求めると言うことがあります。「赤／青」と「当たり／はずれ」の組み合わせによる同時確率を表1.1のように表わすと、表の右端と下端に、一方の条件に注目した確率が合計値として得られます。表の周辺部分に結果が現われるので、このような名称がついたものと想像されます。

表1.1　カプセルが出るゲームの確率表

	赤	青	合計
当たり	$\frac{3}{8}$	$\frac{1}{8}$	$\frac{1}{2}$
はずれ	$\frac{1}{8}$	$\frac{3}{8}$	$\frac{1}{2}$
合計	$\frac{1}{2}$	$\frac{1}{2}$	1

次に、(1-15)でAとBの役割を入れ替えると、

$$P(A\cap B)=P(B\mid A)P(A) \tag{1-17}$$

が得られますが、(1-15)と(1-17)は左辺が共通なので、右辺を等置して両辺を$P(A)$で割ると、

$$P(B\mid A)=\frac{P(A\mid B)P(B)}{P(A)} \tag{1-18}$$

という関係が得られます。これは、一般に**ベイズの定理**と呼ばれるもので、条件付き確率$P(A\mid B)$が事前にわかっている際に、AとBを入れ替えた$P(B\mid A)$を計算するための公式として利用できます ▶定理5。この後の例で見るように、多くの問題において、右辺の分母にある$P(A)$は(1-16)を用いて計算されます。このため、これを代入した形で、

$$P(B\mid A)=\frac{P(A\mid B)P(B)}{\displaystyle\sum_{i=1}^{n}P(A\mid B_i)P(B_i)}$$

としたものをベイズの定理と呼ぶこともあります。

ここで、ベイズの定理を利用した計算問題を解いてみます。典型例として、製品の欠陥を検知する検査機器の問題があります。今、全製品の1%に欠陥があるとして、欠陥品を90%の精度で検知する検査機器があるものとします。より正確に言うと、実際に欠陥がある製品に対して、正しく「欠陥がある」と検知できる確率が90%で、逆に、欠陥がない製品に対して、正しく「欠陥がない」と検知できる確率も90%になります。それでは、この検査機器が「欠陥がある」と検知した製品が、実際に欠陥品である確率はどの程度になるでしょうか？

いろいろな条件が出てきて混乱しそうですが、（簡略化した記法による）数式で整理すると次のようになります。まず、全製品の1%が欠陥品ということなので、欠陥品と正常品の確率は、次になります。

$$P(\text{欠陥品}) = \frac{1}{100},\ P(\text{正常品}) = \frac{99}{100} \tag{1-19}$$

次に、実際の欠陥品に対して、これを正しく検知する確率が90%ということなので、これは、条件付き確率を用いて、

$$P(\text{検知} \mid \text{欠陥品}) = \frac{9}{10} \tag{1-20}$$

と表わされます。正常品に対して、誤って欠陥を検知する確率は10%なので、こちらは、

$$P(\text{検知} \mid \text{正常品}) = \frac{1}{10} \tag{1-21}$$

となります。そして、今、求めたいものは何かと言うと、欠陥が検知された際に、これが実際に欠陥品である確率なので、これもまた条件付き確率を用いて、$P(\text{欠陥品} \mid \text{検知})$ と表わされます。ここで、「欠陥品」と「検知」を入れ替えた $P(\text{検知} \mid \text{欠陥品})$ が (1-20) で与えられていることから、ベイズの定理が利用できそうだとわかります。実際に (1-18) を適用すると、次が得られます。

$$P(\text{欠陥品} \mid \text{検知}) = \frac{P(\text{検知} \mid \text{欠陥品})P(\text{欠陥品})}{P(\text{検知})} \tag{1-22}$$

右辺の分母にある $P(\text{検知})$ はまだいくらかわかりませんが、これは、(1-16) の関係を使って計算できます。すべての製品は、「正常品」と「欠陥品」に区分できるので、

$$P(\text{検知}) = P(\text{検知} \mid \text{正常品})P(\text{正常品}) + P(\text{検知} \mid \text{欠陥品})P(\text{欠陥品}) \tag{1-23}$$

が成り立ちます。これで、(1-19) (1-20) (1-21) の前提を用いて、$P(\text{欠陥品} \mid \text{検知})$ が計算できることになりました。(1-22) (1-23) に実際の値を代入すると、次の結果が得られます。

$$
\begin{aligned}
&P(\text{欠陥品} \mid \text{検知}) \\
&\quad = \frac{P(\text{検知} \mid \text{欠陥品})P(\text{欠陥品})}{P(\text{検知})} \\
&\quad = \frac{P(\text{検知} \mid \text{欠陥品})P(\text{欠陥品})}{P(\text{検知} \mid \text{正常品})P(\text{正常品}) + P(\text{検知} \mid \text{欠陥品})P(\text{欠陥品})} \\
&\quad = \frac{\frac{9}{10} \cdot \frac{1}{100}}{\frac{1}{10} \cdot \frac{99}{100} + \frac{9}{10} \cdot \frac{1}{100}} = \frac{9}{108} \fallingdotseq 0.0833 \cdots
\end{aligned}
\tag{1-24}
$$

したがって、この検査機器が「欠陥がある」と検知した製品ついて、それが実際に欠陥品である確率は、約8.3%ということになります。もしかしたら、予想外に小さい値だったかもしれません。欠陥品を検知する精度は90%であるにもかかわらず、欠陥を検知された製品が本当に欠陥品である確率は、10%以下なのです。

このようなことが起きた理由は、確率を面積で表わした図を用いるとよくわかります。図1.9に示したように、標本空間全体を見るとその大部分を正常品が占めており、その結果、正常品を欠陥品と誤検知した領域が、欠陥品を正しく検知した領域に比べて大きくなっています。言い換えると、検査機器の性能を上げる、すなわち、条件付き確率 $P(\text{欠陥品} \mid \text{検知})$ をより大きくするには、正常品に対する誤検知の割合を10%よりも、さらにもっと下げる必要があるのです。

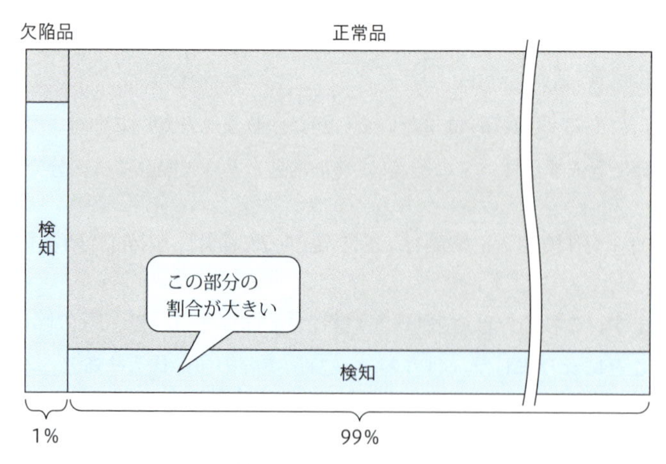

図1.9　検査機器が欠陥を検知する割合

最後に、事象の独立性を説明します。2つの事象A, Bについて、それぞれの確率の積$P(A)P(B)$とこれらの同時確率$P(A \cap B)$を計算すると、一般には、これらは異なる値となります。この2つが一致するとき、すなわち、

$$P(A \cap B) = P(A)P(B)$$

が成り立つとき、事象AとBは独立であると言います▶定義3。そして、これを独立と呼ぶ理由は、(1-15) (1-17) にあります。これらの関係を用いると、$P(B) > 0$、および、$P(A) > 0$とするとき、AとBが独立であることは、次のそれぞれと同値であることがすぐにわかります。

$$P(A \mid B) = P(A) \qquad (1\text{-}25)$$

$$P(B \mid A) = P(B) \qquad (1\text{-}26)$$

図1.7のカプセルのおもちゃの例に戻ると、$A=$「当たり」、$B=$「赤色」とした場合、$P(A)=\dfrac{1}{2}$、および、$P(A \mid B)=\dfrac{3}{4}$となることから、(1-25) は成立せず、AとBは独立ではありません。カプセルの色を「赤色」と特定することによって、当たりである確率が$P(A)=\dfrac{1}{2}$から$P(A \mid B)=\dfrac{3}{4}$に変化するのです。

一方、それぞれの確率が図1.10のようになっていた場合を考えると、このときは、$P(A)=\dfrac{3}{4}$、および、$P(A \mid B)=\dfrac{3}{4}$となるので、(1-25) が成立しており、AとBは独立と言えます。つまり、当たりである確率は、カプセルの色を「赤」と特定した場合$P(A \mid B)$と、特定しない場合$P(A)$で違いがありません。言い換えると、カプセルの色が赤色であるかどうかは、当たりであるかどうかに関係ないということで、これを持って「赤色である」ことと「当たりである」ことは、独立だと言えるのです。また、(1-25) と (1-26) は同値なので、条件を入れ替えて、「当たり」と特定することは、赤色である確率に影響しないことも同時に言えます。

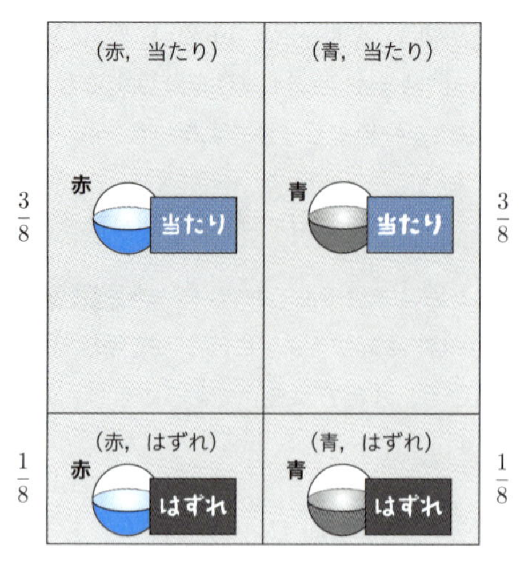

図1.10　「赤」と「当たり」が独立になる例1

なお、図1.10の例では、「赤／青」と「当たり／はずれ」の任意の組み合わせがすべて独立になりますが、いつもこのようになるとは限りません。図1.11は、色のパターンを「赤／青／黄」の3色に増やした例ですが、この場合、

$$
\begin{aligned}
P(\text{赤, 当たり}) &= \frac{6}{24} = \frac{1}{4} \\
P(\text{赤}) &= \frac{6}{24} + \frac{2}{24} = \frac{1}{3} \\
P(\text{当たり}) &= \frac{6}{24} + \frac{5}{24} + \frac{7}{24} = \frac{3}{4}
\end{aligned}
$$

となるので、$P(\text{赤, 当たり}) = P(\text{赤})P(\text{当たり})$が成り立ち、「赤」と「当たり」は独立な事象となります。しかしながら、「青」と「当たり」の組み合わせを考えると、

$$
\begin{aligned}
P(\text{青, 当たり}) &= \frac{5}{24} \\
P(\text{青}) &= \frac{5}{24} + \frac{3}{24} = \frac{1}{3} \\
P(\text{当たり}) &= \frac{6}{24} + \frac{5}{24} + \frac{7}{24} = \frac{3}{4}
\end{aligned}
$$

であることから、$P(\text{青, 当たり}) \neq P(\text{青})P(\text{当たり})$であり、「青」と「当たり」は独

立な事象ではありません。これは、赤色のカプセルのグループ内でのみ、当たりとはずれの割合が、標本空間 Ω 全体における割合と一致して、$P(\text{当たり} \mid \text{赤}) = P(\text{当たり})$ となることが理由です。同様に、当たりのグループ内における赤の割合は、標本空間 Ω 全体における赤の割合と一致して、$P(\text{赤} \mid \text{当たり}) = P(\text{赤})$ となりますが、他の色については、このような条件は満たされていません。

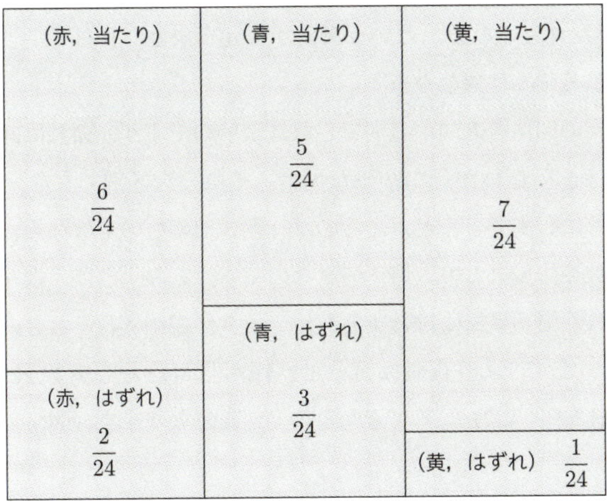

（赤，当たり） $\frac{6}{24}$
（赤，はずれ） $\frac{2}{24}$
（青，当たり） $\frac{5}{24}$
（青，はずれ） $\frac{3}{24}$
（黄，当たり） $\frac{7}{24}$
（黄，はずれ） $\frac{1}{24}$

図1.11 「赤」と「当たり」が独立になる例2

ここまで、本節では、事象、すなわち、「根元事象の集合」に対する確率の考え方を説明してきました。次節では、事象に関連した新しい概念である「確率変数」に関する確率の考え方を導入します。本節と同様に、条件付き確率、同時確率、周辺確率、独立性といった言葉が登場しますが、「事象についての確率」と「確率変数についての確率」は、異なるものなので混乱しないように注意してください。たとえば、「独立な事象」と「独立な確率変数」は、（根底にある考え方は共通していますが）数学的には異なる概念にあたります。

1-4 確率変数と確率分布

現実世界の現象を確率モデルで表現する際に、根元事象として設定した事柄が直接には観測できないということがあります。たとえば、ある地域に生息する鼻行類[※11]の調査を確率モデルとして考えてみます。偶然に見つかった個体について、鼻の数や体長などのデータを収集する場合、標本空間は、その地域にいるすべての鼻行類の個体であり、「特定の個体が発見される」という事象が根元事象となります。当然ながら、個体によって発見される確率は異なります。

このとき、各々の個体を人間が識別できればよいのですが、偶然に同じ特徴（鼻の数や体長などが同一）の個体が見つかった場合、それらを区別できない可能性があります。つまり、実際に観測できると言えるのは、個体そのものではなく、あくまで、個体に付随する鼻の数や体長などの数値データなのです。このように、根元事象そのものではなく、それぞれの根元事象に付随する数値データが観測されるとき、この数値データを確率変数と言います。より正確に言うと、標本空間 Ω から実数 $\mathbf{R}$（より一般には、n 個の実数の組 $\mathbf{R}^n$）への写像 X が**確率変数**の定義となります（図1.12）▶定義4。

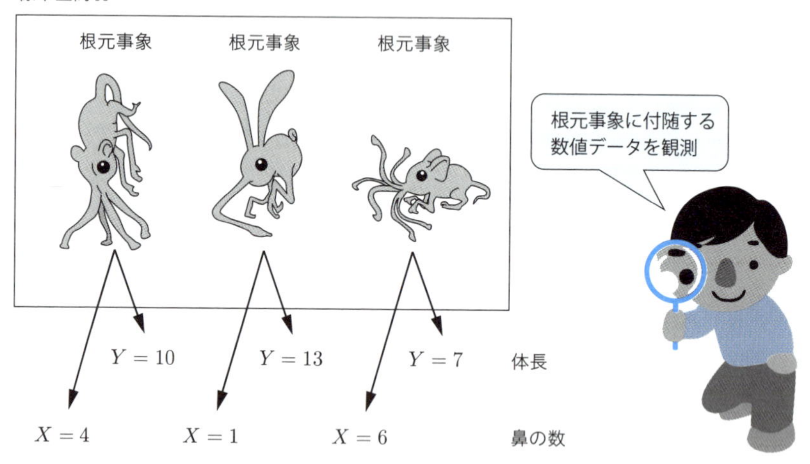

図1.12　根元事象に付随する数値データとしての確率変数

※11　長く伸びた数本の鼻を使って歩く架空の動物。『鼻行類－新しく発見された哺乳類の構造と生活』（ハラルト シュテュンプケ／著、日高 敏隆・羽田 節子／訳、思索社、1987年）

確率変数の面白いところは、Xがどのような値を取るかということもまた確率になるという点です[※12]。たとえば、鼻行類の鼻の数は、1〜8に限定されているとします。このとき、鼻の数を表わす確率変数をXとして、$X=1$が観測される確率$P_X(\{1\})$は、鼻が1本という条件を満たす個体を$\omega_1,\ \omega_2,\cdots$として、それぞれが観測される確率の和に一致すると考えられます。

$$P_X(\{1\}) = P(\{\omega_1\}) + P(\{\omega_2\}) + \cdots$$

また、今の場合、Xの取りうる値は、1〜8の8種類なので、上記の確率に対応する標本空間は、

$$\Omega_X = \{1, 2, 3, 4, 5, 6, 7, 8\}$$

となります。これは、標本空間Ωに対する確率変数Xがあれば、確率空間$(\Omega,\ P)$に対して、新しい確率空間$(\Omega_X,\ P_X)$が定義できることを示しています。

一般には、確率変数Xの値域（取りうる値）を標本空間Ω_Xとした上で、確率P_Xを次のように定義します。

$$P_X(\{x\}) = P(\Omega_x) = \sum_{\omega\in\Omega_x} P(\{\omega\}) \tag{1-27}$$

ここで、Ω_xは、$X(\omega)=x$という条件を満たす根元事象の集合を表わします。

$$\Omega_x = \{\omega\in\Omega \mid X(\omega) = x\}$$

複数の値$x_1,\ x_2,\cdots$に対する確率は、それぞれの値に対する確率の和とします。

$$P_X(\{x_1,\ x_2,\cdots\}) = P_X(\{x_1\}) + P_X(\{x_2\}) + \cdots \tag{1-28}$$

このように定義された$(\Omega_X,\ P_X)$が「1.2　根元事象と確率の割り当て」の冒頭に示した、確率の条件(1-1)(1-3)を満たすことは容易にわかります。ただし、ここでは、

※12 「確率的に値が決まる変数」として確率変数を説明することもあるようですが、その場合、確率の要因となる根元事象の存在が不明確になります。ここでは、あくまで、根元事象を含む標本空間Ωから実数$\mathbf{R}$への写像として、確率変数を定義している点に注意してください。

Xの値域は、前述の$\{1, 2, 3, 4, 5, 6, 7, 8\}$のような有限集合、もしくは、自然数全体などの可算無限個の集合に限定して考えています。このような確率変数を特に離散型の確率変数と言います。実数全体のように連続的な値を取る場合については、「3.2 連続型の確率変数の性質」で取り扱います。

また、確率変数Xに対する確率P_Xを一般的な確率と区別して、確率変数Xの確率分布と呼びます。確率分布は、標本空間Ω_Xの部分集合に対する関数ですが、特に、根元事象（すなわち、Xが取る特定の値x）に限定した関数、

$$p_X(x) = P_X(\{x\})$$

をXの確率関数と言います。

ちなみに、「1.2 根元事象と確率の割り当て」の図1.5（p.12）では、2個のサイコロに関する2種類の確率空間として、「個々の目の組を根元事象とする確率空間」、および、「目の合計を根元事象とする確率空間」を説明しました。ここで、「個々の目の組を根元事象とする確率空間」を$(\Omega,\ P)$として、Ωから$\{2, 3, \cdots, 12\}$への写像Xを次のように定義します。

$$\begin{aligned} X : \Omega &\longrightarrow \{2, 3, \cdots, 12\} \\ (x_1,\ x_2) &\longmapsto x_1 + x_2 \end{aligned}$$

Xは、確率空間$(\Omega,\ P)$に対する確率変数なので、これをもとにして、新しい確率空間$(\Omega_X,\ P_X)$を作ると、これは、「目の合計を根元事象とする確率空間」と同じものになることがわかります。ただし、$(\Omega_X,\ P_X)$は、その背後に$(\Omega,\ P)$が隠れているという点が異なります。$(\Omega_X,\ P_X)$についての確率計算だけをしていると、見かけ上は、いきなりその確率空間を定義した場合と変わりませんが、確率モデルを利用する側の立場としては、確率変数の値を決定する、その背後の仕組みにも何らかの興味があると考えてよいでしょう。

特に複数の確率変数の関係を考える場合は、その背後にある確率空間の存在が重要になります。先ほどの鼻行類の例で、鼻の数を表わす確率変数Xと、体長を表わす確率変数Yがあるものとします[※13]。研究者としては、鼻の数と体長の間に成り立つ関係などが気になるわけですが、そのためには、発見される個体の鼻の数の確率P_Xと体長の確

※13 ここでは、離散型の確率変数に話を限定するため、体長は、自然数のみを取るものとしておきます。

率P_Yを無関係とみなすわけにはいきません。P_XとP_Yの背後には、「鼻の数」と「体長」という2つの属性を同時に持った1つの個体（根元事象）の存在が想定されており、そこから、「鼻の数が多い個体は、体長も大きい傾向がある」などの関係が見出される可能性があります。

この点は、鼻の数と体長の組$(x,\ y)$を値域に持つ新しい写像Wを次で定義するとより明確になります。

$$W(\omega) = (X(\omega),\ Y(\omega))$$

このWは、これ自身もまた、$\mathbf{R}^2$に値を取る確率変数になっており、Wの値が得られた場合、その成分は、1つの個体についての鼻の数Xと体長Yを表わすことになります。

前節の図1.7（p.20）に示したカプセルが出るおもちゃは、まさにこの例にあたります。この場合、1つの根元事象は「赤／青」、および、「当たり／はずれ」という2種類の属性を持っており、これをそのまま確率変数とみなすことができます。厳密には、確率変数の値は実数でないといけないので、ここでは、次のように属性を数値化して表わします。

$$X(\omega) = \begin{cases} 0 & (\omega = (\text{青},\ \text{当たり})\ \text{または}\ \omega = (\text{青},\ \text{はずれ})\ \text{のとき}) \\ 1 & (\omega = (\text{赤},\ \text{当たり})\ \text{または}\ \omega = (\text{赤},\ \text{はずれ})\ \text{のとき}) \end{cases} \tag{1-29}$$

$$Y(\omega) = \begin{cases} 0 & (\omega = (\text{赤},\ \text{はずれ})\ \text{または}\ \omega = (\text{青},\ \text{はずれ})\ \text{のとき}) \\ 1 & (\omega = (\text{赤},\ \text{当たり})\ \text{または}\ \omega = (\text{青},\ \text{当たり})\ \text{のとき}) \end{cases} \tag{1-30}$$

つまり、$X = 0, 1$が「青／赤」、$Y = 0, 1$が「はずれ／当たり」に対応します。ここでさらに、確率変数Wを次で定義します。

$$W(\omega) = (X(\omega),\ Y(\omega)) \tag{1-31}$$

このとき、X, Y, Wの確率分布をそれぞれP_X, P_Y, P_Wとして、さらに、引数を特定の値に限定した確率関数をp_X, p_Y, p_Wとします。このとき、これらの間には、どのような関係が成り立つでしょうか？　先に表1.1（p.25）に示した、周辺確率の考え方を用いると、p_Wを用いて、p_Xとp_Yをそれぞれ個別に計算することができます[※14]。

※14　$p_W(x,\ y)$は、本来は$p_W((x,\ y))$と書くべきものですが、ここでは、表記を簡略化しています。

$$p_X(x) = p_W(x,\,0) + p_W(x,\,1)$$
$$p_Y(y) = p_W(0,\,y) + p_W(1,\,y)$$

一般には、(1-31) で関係づけられた3つの確率変数に対して、次の関係が成り立ちます▸定理6。

$$p_X(x) = \sum_{y \in \mathrm{Im}\,Y} p_W(x,\,y) \tag{1-32}$$
$$p_Y(y) = \sum_{x \in \mathrm{Im}\,X} p_W(x,\,y) \tag{1-33}$$

ここで、$\mathrm{Im}\,Y$ と $\mathrm{Im}\,X$ は、それぞれ、Y と X の値域、すなわち、これらが取りうる値を集めた集合です。このような関係が一般に成り立つことを計算で示すと次のようになります。まず、$p_X(x)$ と $p_W(x,\,y)$ の定義に立ち戻ると、次が成り立ちます。

$$p_X(x) = P_X(\{x\}) = P(\Omega_x) \tag{1-34}$$
$$p_W(x,\,y) = P_W(\{(x,\,y)\}) = P(\Omega_{(x,\,y)}) \tag{1-35}$$

ここで、Ω_x と $\Omega_{(x,\,y)}$ は、次で定義される集合です。

$$\Omega_x = \{\omega \in \Omega \mid X(\omega) = x\}$$
$$\Omega_{(x,\,y)} = \{\omega \in \Omega \mid (X(\omega),\,Y(\omega)) = (x,\,y)\}$$

さらに、Ω_x に含まれる要素 ω を $Y(\omega)$ の値が等しいものごとに分類すると、

$$\Omega_x = \bigcup_{y \in \mathrm{Im}\,Y} \{\omega \in \Omega \mid (X(\omega),\,Y(\omega)) = (x,\,y)\} = \bigcup_{y \in \mathrm{Im}\,Y} \Omega_{(x,\,y)}$$

と書き直すことができます。ここで、$y_1 \neq y_2$ であれば、$\Omega_{(x,\,y_1)} \cap \Omega_{(x,\,y_2)} = \phi$ であることに注意すると、「1.2　根元事象と確率の割り当て」で最後に示した (1-6)（P.15）を用いて、次の関係が成り立ちます。

$$P(\Omega_x) = P(\bigcup_{y \in \mathrm{Im}\,Y} \Omega_{(x,\,y)}) = \sum_{y \in \mathrm{Im}\,Y} P(\Omega_{(x,\,y)}) \tag{1-36}$$

(1-34) (1-35) を (1-36) に代入すると、(1-32) が得られます。(1-33) についても同様の計算が成り立ちます。これらは、周辺確率の計算を確率変数で表わしたものと言えるでしょう。本書では、(1-32) (1-33) を周辺確率の公式と呼ぶことにします。

そして、前節では、カプセルが出るおもちゃの例を用いて、事象の独立性について説明しました。ここでは、同じ例を用いて、確率変数の独立性を説明します。はじめに、同一の確率空間 (Ω, P) に対する、2種類の確率変数 X, Y があるとき、Xが取りうる値 $\mathrm{Im}\,X$ とYが取りうる値 $\mathrm{Im}\,Y$ のそれぞれから、任意の部分集合 $A_X \subset \mathrm{Im}\,X$, $A_Y \subset \mathrm{Im}\,Y$ を取り出します。そして、X, Y の値がこれらに含まれる根元事象の集合を A_1, A_2 とします。

$$A_1 = \{\omega \in \Omega \mid X(\omega) \in A_X\} \tag{1-37}$$

$$A_2 = \{\omega \in \Omega \mid Y(\omega) \in A_Y\} \tag{1-38}$$

ここで、A_1 と A_2 が独立な事象であるかどうかを確認します。これらが独立であれば、

$$P(A_1 \cap A_2) = P(A_1)P(A_2) \tag{1-39}$$

が成り立ちます。そして、(1-39) が任意の A_X, A_Y について成り立つとき、2つの確率変数XとYは独立であると言います▶定義5。

事象の独立性を考えるときは、「赤」と「当たり」のように特定の事象を対象としていました。一方、確率変数の独立性では、$\mathrm{Im}\,X, \mathrm{Im}\,Y$ の任意の部分集合 A_X, A_Y について、対応する事象 A_1, A_2 が独立であることを要求している点に注意してください。少し回りくどい定義に思えるかもしれませんが、この定義は、確率関数を用いるとすっきりと表現できます。まず、XとYを組み合わせた確率変数Wを (1-31) で定義して、X, Y, W それぞれの確率関数を p_X, p_Y, p_W とします。このとき、任意の $x \in \mathrm{Im}\,X$, $y \in \mathrm{Im}\,Y$ に対して、

$$p_W(x, y) = p_X(x)p_Y(y) \tag{1-40}$$

が成り立つことが、XとYが独立であることと同値になります▶定理7 ※15。

※15 (1-40) を独立性の定義とする文献もよく見受けられます。

証明は次のようになります。まず、任意の$x \in \mathrm{Im}\, X,\ y \in \mathrm{Im}\, Y$に対して、

$$
\begin{aligned}
A &= \{\omega \in \Omega \mid X(\omega) = x\} \\
B &= \{\omega \in \Omega \mid Y(\omega) = y\}
\end{aligned}
$$

として、確率関数の定義より、次が成り立ちます。

$$
\begin{aligned}
p_X(x) &= P(A) \\
p_Y(y) &= P(B) \\
p_W(x,\, y) &= P(A \cap B)
\end{aligned}
$$

XとYが独立であれば、

$$
P(A \cap B) = P(A)P(B)
$$

が成り立つので、これよりすぐに、(1-40)が得られます。

一方、任意の$x \in \mathrm{Im}\, X,\ y \in \mathrm{Im}\, Y$に対して、(1-40)が成り立つとするとき、ある部分集合$A_X \subset \mathrm{Im}\, X,\ A_Y \subset \mathrm{Im}\, Y$を固定して、対応する根元事象の集合$A_1,\ A_2$を(1-37) (1-38)で定義したとします。ここで、根元事象$\omega \in \Omega$の中で、$W(\omega) = (X(\omega),\ Y(\omega))$が特定の値$(x,\ y)$を取るものだけを集めた集合を$A_{(x,\, y)}$とします。

$$
A_{(x,\, y)} = \{\omega \in \Omega \mid (X(\omega),\ Y(\omega)) = (x,\ y)\}
$$

このとき、$(x_1,\ y_1) \neq (x_2,\ y_2)$であれば、$A_{(x_1,\, y_1)} \cap A_{(x_2,\, y_2)} = \phi$であることに注意すると、任意の$\omega \in A_1 \cap A_2$に対して、必ず、それが属する$A_{(x,\, y)}$ $(x \in A_X,\ y \in A_Y)$が1つだけ存在します。具体的には、$x = X(\omega) \in A_X,\ y = Y(\omega) \in A_Y$として、$\omega \in A_{(x,\, y)}$となります。一方、任意の$x \in A_X,\ y \in A_Y$に対して、$A_{(x,\, y)}$の要素$\omega$は、(1-37) (1-38)の定義より、$\omega \in A_1 \cap A_2$を満たします。つまり、$x \in A_X,\ y \in A_Y$の範囲におけるすべての値の組$(x,\ y)$について$A_{(x,\, y)}$の要素を集めれば、$A_1 \cap A_2$の要素を重複なく集めることができ、$A_1 \cap A_2$の確率は、それぞれの$A_{(x,\, y)}$に対する確率の和として、次のように計算できます。

$$
P(A_1 \cap A_2) = \sum_{x \in A_X} \sum_{y \in A_Y} P(A_{(x,\, y)}) \tag{1-41}
$$

$(x,\ y)$の組み合わせによっては、対応する$A_{(x,\ y)}$が空集合になる場合もありますが、その部分の確率は$P(\phi)=0$となるので右辺の計算に影響はありません。ここで、$P(A_{(x,\ y)})=p_W(x,\ y)$であることに注意すると、(1-40)を用いて、(1-41)は次のように変形できます。

$$P(A_1\cap A_2)=\sum_{x\in A_X}\sum_{y\in A_Y}p_W(x,\ y)=\sum_{x\in A_X}\sum_{y\in A_Y}p_X(x)p_Y(y)$$
$$=\left\{\sum_{x\in A_X}p_X(x)\right\}\left\{\sum_{y\in A_Y}p_Y(y)\right\} \tag{1-42}$$

また、$A_1,\ A_2$について同様の議論を適用すると、次の関係が成り立つこともわかります。

$$P(A_1)=\sum_{x\in A_X}p_X(x) \tag{1-43}$$
$$P(A_2)=\sum_{y\in A_Y}p_X(y) \tag{1-44}$$

(1-43) (1-44)を(1-42)に代入すると、(1-39)が成り立ち、XとYは確かに独立であることがわかります。

ここで、確率空間$(\Omega,\ P)$とそれに対する確率変数$X,\ Y$の確率分布$P_X,\ P_Y$が1対1に対応するかどうかを確認しておきます。結論としては、異なる確率空間から、同一の確率分布$P_X,\ P_Y$が得られることがありえます。図1.13の2つの例では、標本空間に含まれる根元事象の構成は異なっており、これらは確率空間としては異なるものになります。しかしながら、(1-29) (1-30)で確率変数$X,\ Y$を定義すると、いずれの場合も、

$$P_X(0)=\frac{2}{3},\ P_X(1)=\frac{1}{3}$$
$$P_Y(0)=\frac{1}{3},\ P_Y(1)=\frac{2}{3}$$

となっており、$X,\ Y$の確率分布は同一になります。

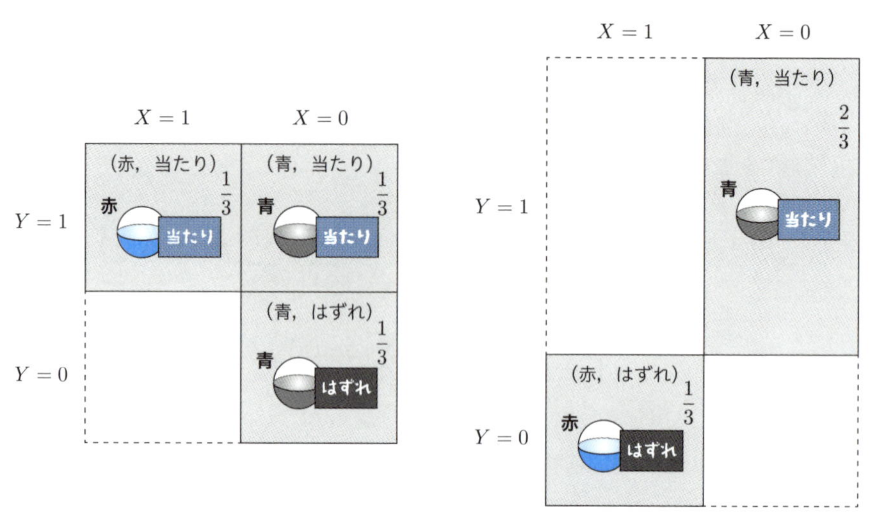

図1.13　確率分布 P_X，P_Y が同じ2種類の確率空間

ただし、この場合でもXとYを組み合わせた確率変数$W=(X,\,Y)$については、それぞれで異なる確率分布が得られます。実際、図1.13において、$(X,\,Y)=(1,\,1)$、すなわち、(赤, 当たり)という事象を考えると、左の確率空間では、$p_W(1,\,1)=\dfrac{1}{3}$となるのに対して、右の確率空間では、$p_W(1,\,1)=0$となります。言い換えると、確率変数の背後にある確率空間そのものを調べるには、複数の確率変数を個別に見るだけでは不十分ということです。鼻行類の調査において、鼻の数の分布と体長の分布を個別に見るのではなく、これらを組み合わせた値がどのように分布するかを調べることで、はじめて、実際に生息する個体の状況がわかります。次章では、複数の確率変数の関係を調べる手法として、相関係数の考え方を説明します。

最後に、確率分布における条件付き確率について補足しておきます。先に説明したように、確率変数Xに対して、(1-27) (1-28)を用いて定義した$(\Omega_X,\,P_X)$はそれ自体が新しい確率空間になっているので、これまでに確率空間$(\Omega,\,P)$に対して定義した、条件付き確率などの概念をそのまま適用することができます。たとえば、鼻行類の例で、鼻の数Xに対して、

$$A=\{x\in \mathrm{Im}\,X \mid x\ \text{は偶数}\}$$
$$B=\{x\in \mathrm{Im}\,X \mid x\geq 2\}$$

と定義すると、

$$P_X(A \mid B) = \frac{P_X(A \cap B)}{P_X(B)}$$

は、鼻が複数ある個体が見つかった際に、鼻の数が偶数である確率を表わします。あるいは、体長Yと組み合わせて、新しい確率変数$W = (X,\ Y)$を構成した場合、

$$A = \{(x,\ y) \in (\mathrm{Im}\, X,\ \mathrm{Im}\, Y) \mid x \text{ は任意},\ y = 10\}$$
$$B = \{(x,\ y) \in (\mathrm{Im}\, X,\ \mathrm{Im}\, Y) \mid x = 8,\ y \text{ は任意}\}$$

とすると、

$$P_W(A \mid B) = \frac{P_W(A \cap B)}{P_W(B)}$$

は、鼻が8本ある個体が見つかった際に、その体長が10である確率を表わします。この例の場合、$P_W(A \cap B)$は、確率関数を用いて$p_W(8,\ 10)$と表わすことができます。また、$P_W(B)$については、周辺確率の公式(1-32)を用いると$p_X(8)$に一致することがわかります。したがって、複数の記号が混ざって少し見にくくなりますが、これは、

$$P_W(A \mid B) = \frac{p_W(8,\ 10)}{p_X(8)} \tag{1-45}$$

と表わすことも可能です（p.42「確率分布・確率関数の記法」も参照）。

確率分布・確率関数の記法

本文では、大元になる確率空間$(\Omega,\ P)$における確率Pと、確率変数Xに対する確率、すなわち、確率分布P_Xを異なる記号で表わしました。また、確率変数の特定の値xに対する確率、すなわち、確率関数p_Xについても別の記号を用いています。しかしながら、文献によっては、これらをすべて同じ記号Pで表わすことがあります。この場合、確率変数Xが特定の値xを取る確率（すなわち、$p_X(x)$）は、$P(X=x)$のように表記されます。あるいは、Xの値がある集合A_Xに含まれる確率（すなわち、$P_X(A_X)$）は、$P(X \in A_X)$のようになります。

このような記法を用いた場合、本文の(1-45)は、

$$P(Y=10 \mid X=8)=\frac{P(X=8,\ Y=10)}{P(X=8)}$$

と表わされます。計算内容の意味を理解する上では、こちらのほうがわかりやすいかもしれません。一般に、右辺分子の$P(X=8,\ Y=10)$をXとYについての同時確率、右辺分母の$P(X=8)$をXについての周辺確率と呼ぶことがあり、この関係は、「条件付き確率＝同時確率 / 周辺確率」と標語的に表わすこともできます。

ただし、同じ記号Pを用いて計算していると、計算対象の確率空間が大元の$(\Omega,\ P)$なのか、特定の確率変数Xなのか、あるいは、$W=(X,\ Y)$のように、複数の確率変数を組み合わせて構成した（$\mathbf{R}^2$に値を取る）確率変数なのかが混乱する場合もあります。特に、確率変数$X,\ Y$を組み合わせて、新しい確率変数$W=(X,\ Y)$を構成する際は、XとYが同一の確率空間$(\Omega,\ P)$に対する確率変数であることが前提となります。当然ながら、カプセルの色Xと鼻行類の体長Yを組み合わせることはできません。しかしながら、上記のような記法を用いると、$P(Y=10 \mid X=1)$（カプセルが赤色のとき、鼻行類の体長が10である確率？）のような、見かけ上もっともらしい書き方ができてしまいます。確率変数の概念を正しく理解するため、はじめのうちは、本書のように記号を分けて表わすことをお勧めします。

1.5 主要な定理のまとめ

定義1　離散的確率空間

標本空間Ωを有限、もしくは、可算無限個の要素を含む集合とするとき、Ωの要素ωを根元事象、Ωの部分集合$\{\omega_1, \omega_2, \cdots\}$を事象と呼ぶ。また、事象から閉区間$[0, 1]$への写像$P$が次の条件を満たすものとする。

$$P(\{\omega_1, \omega_2, \cdots\}) = P(\{\omega_1\}) + P(\{\omega_2\}) + \cdots$$
$$P(\Omega) = \sum_{\omega \in \Omega} P(\{\omega\}) = 1$$
$$P(\phi) = 0$$

このとき、PをΩ上で定義された確率と呼び、標本空間と確率の組(Ω, P)を離散的確率空間と呼ぶ。

定理1　離散的確率空間の基本性質

離散的確率空間(Ω, P)は、次の性質を満たす。

- 任意の事象Aについて、$0 \leq P(A) \leq 1$
- 事象Aに対して、その余事象をA^{C}とすると、$P(A^{\mathrm{C}}) = 1 - P(A)$
- 任意の事象A, Bについて、$P(A \cup B) = P(A) + P(B) - P(A \cap B)$
- 事象A, Bが$A \subset B$を満たすとき、$P(A) \leq P(B)$

定理2　互いに素な和集合の確率

離散的確率空間(Ω, P)において、事象$A_1, \cdots, A_n$が任意の$i \neq j\ (i, j = 1, \cdots, n)$に対して、$A_i \cap A_j = \phi$という条件を満たすとき、次の関係が成り立つ。

$$P(\bigcup_{i=1}^{n} A_i) = \sum_{i=1}^{n} P(A_i)$$

事象の個数が可算無限個の場合も同様に、次の関係が成り立つ。

$$P(\bigcup_{i=1}^{\infty} A_i) = \sum_{i=1}^{\infty} P(A_i)$$

定義2　条件付き確率

事象 A, B に対して、$P(B) > 0$ のとき、

$$P(A \mid B) = \frac{P(A \cap B)}{P(B)}$$

を事象 B に対する事象 A の条件付き確率と呼ぶ。

定理3　条件付き確率の連鎖律

事象 A, B に対して、$P(B) > 0$ のとき、次の関係が成り立つ。

$$P(A \cap B) = P(A \mid B)P(B)$$

一般に、事象 $B_1, \cdots, B_n$ に対して、$P(B_1 \cap \cdots \cap B_n) > 0$ であれば、$P(A \mid B_1 \cap \cdots \cap B_m)$ を $P(A \mid B_1, \cdots, B_m)$ と略記して、

$$P(B_1 \cap \cdots \cap B_n) = P(B_1 \mid B_2, \cdots, B_n)P(B_2 \mid B_3, \cdots, B_n) \cdots P(B_n)$$

が成り立つ。

定理4　事象の周辺確率

事象 $B_1, \cdots, B_n$ は、次の条件を満たすものとする。

- 任意の $i, j = 1, \cdots, n$ について、$i \neq j$ であれば $B_i \cap B_j = \phi$
- $B_1 \cup \cdots \cup B_n = \Omega$
- 任意の $i = 1, \cdots, n$ について $P(B_i) > 0$

このとき、任意の事象 A について、次の関係が成り立つ。

$$P(A) = \sum_{i=1}^{n} P(A \cap B_i) = \sum_{i=1}^{n} P(A \mid B_i)P(B_i)$$

事象 $B_1, B_2, \cdots$ の個数が可算無限個の場合も同様に、次の関係が成り立つ。

$$P(A) = \sum_{i=1}^{\infty} P(A \cap B_i) = \sum_{i=1}^{\infty} P(A \mid B_i)P(B_i)$$

定理5 ベイズの定理

事象 A, B について、$P(A) > 0$ のとき、次の関係が成り立つ。

$$P(B \mid A) = \frac{P(A \mid B)P(B)}{P(A)}$$

定義3 独立な事象

事象 A, B が次の関係を満たすとき、A と B は独立であると言う。

$$P(A \cap B) = P(A)P(B)$$

$P(A) > 0$ および $P(B) > 0$ とするとき、これは、次のそれぞれの関係と同値である。

$$P(A \mid B) = P(A)$$
$$P(B \mid A) = P(B)$$

定義4 離散型の確率変数

離散的確率空間 $(\Omega,\ P)$ において、標本空間 Ω から実数 $\mathbf{R}$（より一般には、n 個の実数の組 $\mathbf{R}^n$）への写像 X を確率変数と言う。確率変数 X の値域を Ω_X として、確率 P_X を次式で定義すると、$(\Omega_X,\ P_X)$ は新しい確率空間を与える。

$$P_X(\{x\}) = \sum_{\omega \in \Omega_x} P(\{\omega\})$$
$$P_X(\{x_1,\ x_2, \cdots\}) = P_X(\{x_1\}) + P_X(\{x_2\}) + \cdots$$

ここに、集合 Ω_x は次式で定義される。

$$\Omega_x = \{\omega \in \Omega \mid X(\omega) = x\}$$

また、$\{x_1,\ x_2,\ \cdots\}$ は同じ値を含まないものとする。

このとき、確率 P_X を確率変数 X の確率分布と呼ぶ。また、確率分布に対して、引数を特定の値に限定した関数 $p_X(x) = P_X(\{x\})$ を X の確率関数と言う。ただし、ここでは、確率変数 X の値域は有限個、もしくは、可算無限個の集合としており、このような確率変数 X を離散型の確率変数と言う。

定理6　周辺確率の公式

離散的確率空間 (Ω, P) に対する2種類の離散型の確率変数 X, Y があるとして、これらを組み合わせた確率変数 W を $W(\omega) = (X(\omega), Y(\omega))\ (\omega \in \Omega)$ で定義する。X, Y, W の確率関数をそれぞれ p_X, p_Y, p_W として、次の関係が成り立つ。

$$p_X(x) = \sum_{y \in \mathrm{Im}\, Y} p_W(x, y)$$

$$p_Y(y) = \sum_{x \in \mathrm{Im}\, X} p_W(x, y)$$

定義5　独立な確率変数

離散的確率空間 (Ω, P) に対する2種類の離散型の確率変数 X, Y があるとして、X が取りうる値 $\mathrm{Im}\, X$ と Y が取りうる値 $\mathrm{Im}\, Y$ のそれぞれから、任意の部分集合 $A_X \subset \mathrm{Im}\, X,\ A_Y \subset \mathrm{Im}\, Y$ を取り出して、X, Y の値がこれらに含まれる根元事象の集合を A_1, A_2 とする。

$$A_1 = \{\omega \in \Omega \mid X(\omega) \in A_X\}$$

$$A_2 = \{\omega \in \Omega \mid Y(\omega) \in A_Y\}$$

任意の A_X, A_Y について、上記で定義した事象 A_1, A_2 が独立になるとき、確率変数 X と Y は独立であると言う。

定理7　確率関数による独立性の表現

離散的確率空間 (Ω, P) に対する2種類の離散型の確率変数 X, Y があるとして、これらを組み合わせた確率変数 W を $W(\omega) = (X(\omega), Y(\omega))\ (\omega \in \Omega)$ で定義する。X, Y, W の確率関数をそれぞれ p_X, p_Y, p_W とするとき、X と Y が独立であることは、任意の $x \in \mathrm{Im}\, X,\ y \in \mathrm{Im}\, Y$ に対して次が成り立つことと同値である。

$$p_W(x, y) = p_X(x)p_Y(y)$$

1.6 演習問題

問1 1から365の値を均等な割合で出す電子サイコロがある。この電子サイコロを30個集めて同時に目を出したときに得られる、30個の値の組み合わせを根元事象とする標本空間Ωを考える。30個の値がすべて異なる根元事象を集めた部分集合を$A \subset \Omega$とするとき、確率$P(A)$は、およそ30%となることを示せ（これは、30人のクラスで、全員の誕生日が異なる確率の近似的な計算と考えられる。最終的な数値計算は、コンピュータープログラム等を用いてかまわない）。

問2 偏りのないサイコロを1が出るまで投げ続けた際の出た目の並びを根元事象とする標本空間Ωを考える。根元事象の例には、次のようなものがある。

$$(2,6,3,3,1),\ (4,6,1),\ (1)$$

1が出るまでに投げた回数は、任意の自然数を取りうるので、この標本空間の要素数は可算無限個となる。このとき、n回目に1が出た際の根元事象を集めた部分集合を$A_n\ (n=1,2,\cdots)$として、確率$P(A_n)$を次の手順で求める。

(1) n回目まで1が出なかった事象を$\overline{A}_n = \Omega \setminus (A_1 \cup \cdots \cup A_n)$とする。$n-1$回目まで1が出なかったとして、さらに$n$回目も1が出ない条件付き確率は、$n=2,3,\cdots$に対して、

$$P(\overline{A}_n \mid \overline{A}_{n-1}) = \frac{5}{6}$$

で与えられる。この条件を用いて、$P(\overline{A}_n)\ (n=1,2,\cdots)$を求めよ。

(2) $n-1$回目まで1が出なかったとして、n回目に1が出る条件付き確率

は、$n=2,3,\cdots$ に対して、

$$P(A_n \mid \overline{A}_{n-1})=\frac{1}{6}$$

で与えられる。この条件を用いて、$P(A_n)\,(n=1,2,\cdots)$ を求めよ。

(3) (2) の結果について、

$$\sum_{n=1}^{\infty} P(A_n)=1$$

が成り立つことを確認せよ。

ヒント　**n 回目に1が出た事象 A_n、および、n 回目に1が出なかった事象 $\overline{A}_n$ は、どちらも $n-1$ 回目まで1が出なかった事象 $\overline{A}_{n-1}$ でもあるので、$A_n \cup \overline{A}_n = \overline{A}_{n-1}$ が成立する（図1.14）。**

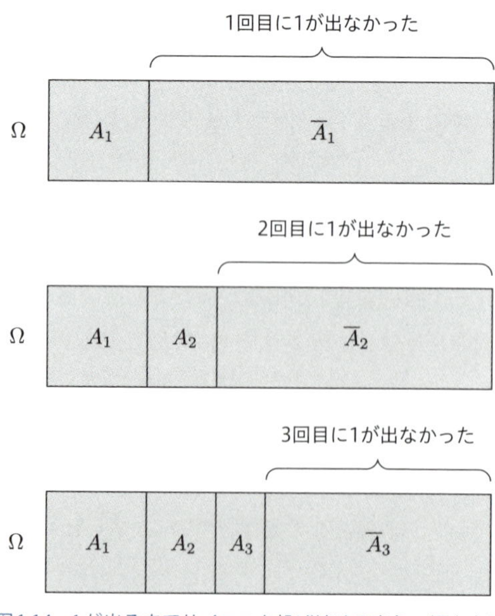

図1.14　1が出るまでサイコロを投げ続ける事象の標本空間

問3 離散的確率空間 $(\Omega,\ P)$ において、$P(B) > 0$ を満たす事象 B を1つ固定する。このとき、任意の事象 A について、

$$P'(A) = P(A \mid B)$$

で新しい関数 P' を定義する。このとき P' は、次の条件を満たすことを示せ（これらは、$(\Omega,\ P')$ が新しい確率空間を定義することを示している）。

(i) 任意の $\omega_1, \omega_2, \cdots \in \Omega$ に対して、次が成り立つ（$\omega_1, \omega_2, \cdots$ は、同じ要素は含まないものとする）。

$$P'(\{\omega_1, \omega_2, \cdots\}) = P'(\{\omega_1\}) + P'(\{\omega_2\}) + \cdots$$

(ii) 全事象に対して1を与える。

$$P'(\Omega) = 1$$

問4 離散的確率空間 $(\Omega,\ P)$ において、事象 $B_1, \cdots, B_n$ に対して、$P(B_1 \cap \cdots \cap B_n) > 0$ が成り立つとする。このとき、$P(A \mid B_1 \cap \cdots \cap B_m)$ を $P(A \mid B_1, \cdots, B_m)$ と略記すると、

$$P(B_1 \cap \cdots \cap B_n) = P(B_1 \mid B_2, \cdots, B_n)P(B_2 \mid B_3, \cdots, B_n) \cdots P(B_n)$$

が成り立つことを示せ。ここでは、n は2以上の任意の自然数とする。

問5 離散的確率空間 $(\Omega,\ P)$ において、3つの事象 A_1, A_2, A_3 を考える。次の2つの条件が成り立つとき、これらは独立であると言う。

(i) 任意の $i \neq j\ (i, j = 1, 2, 3)$ について、A_i と A_j は独立である。
(ii) $P(A_1 \cap A_2 \cap A_3) = P(A_1)P(A_2)P(A_3)$ が成り立つ。

(1) $P(A_i) > 0\,(i = 1, 2, 3)$ とするとき、$A_1,\, A_2,\, A_3$ が独立であれば、次が成り立つことを示せ（問4と同じ略記法を使用している）。

$$
\begin{aligned}
P(A_1 \mid A_2,\, A_3) &= P(A_1) \\
P(A_2 \mid A_3,\, A_1) &= P(A_2) \\
P(A_3 \mid A_1,\, A_2) &= P(A_3)
\end{aligned}
$$

(2) 4つの根元事象からなる標本空間 $\Omega = \{\omega_1,\, \omega_2,\, \omega_3,\, \omega_4\}$ において、

$$
P(\{\omega_1\}) = P(\{\omega_2\}) = P(\{\omega_3\}) = P(\{\omega_4\}) = \frac{1}{4}
$$

が成り立つものとする。このとき、$A_1 = \{\omega_1,\, \omega_2\},\, A_2 = \{\omega_1,\, \omega_3\}$ とすると、A_1 と A_2 は独立になる。さらにもう1つの事象 A_3 を加えた際に、(i) は成り立つが、(ii) は成り立たないという例を示せ。

(3) 8つの根元事象からなる標本空間 $\Omega = \{\omega_1, \cdots, \omega_8\}$ において、

$$
P(\{\omega_1\}) = \cdots = P(\{\omega_8\}) = \frac{1}{8}
$$

が成り立つものとする。このとき、$A_1 = \{\omega_1,\, \omega_2,\, \omega_3,\, \omega_4\},\, A_2 = \{\omega_1,\, \omega_2,\, \omega_3,\, \omega_5\}$ とすると、A_1 と A_2 は独立ではない。さらにもう1つの事象 A_3 を加えた際に、((i) は成り立たないが) (ii) が成り立つ例を示せ。

(4) 8つの根元事象からなる標本空間 $\Omega = \{\omega_1, \cdots, \omega_8\}$ において、

$$
P(\{\omega_1\}) = \cdots = P(\{\omega_8\}) = \frac{1}{8}
$$

が成り立つものとする。このとき、$A_1 = \{\omega_1,\, \omega_2,\, \omega_3,\, \omega_4\},\, A_2 = \{\omega_1,\, \omega_2,\, \omega_5,\, \omega_6\}$ とすると、A_1 と A_2 は独立になる。さらにもう1つの事象 A_3 を加えた際に、(i) (ii) が共に成り立つ例を示せ。

離散型の確率分布

前章では、確率空間において、「根元事象に伴う数値データを観測する」という観点で確率変数の考え方を導入しました。特に、1つの確率空間から複数の確率変数を構成した際に、これら相互の関係を調べる必要がある点を指摘しました。本章では、このような確率変数の特徴を把握する道具として、期待値・分散・相関係数などの計算方法を説明します。また、二項分布やポアソン分布など、主要な確率分布の性質を紹介し、さらに、有限個の観測データから背後の確率分布を推測するという、モデル推定の考え方を大数の法則を通して紹介します。

2-1 確率変数の期待値と分散

離散的確率空間(Ω, P)に対して、実数値$\mathbf{R}$を取る確率変数Xがあり、その確率分布と確率関数をP_X、および、p_Xとします。前章で説明したように、確率変数Xというのは、標本空間に含まれる根元事象ωに対して、数値データ$X(\omega)$を割り当てるものです。このとき、すべての根元事象に関するXの「平均値」を考えてみます。ただし、それぞれの根元事象ωは、出現する確率$P(\{\omega\})$が異なるので、その出現頻度に応じた重み付けをします。鼻行類の鼻の数を例として、表2.1のような場合を考えます。

表2.1　鼻行類の個体に関する標本空間

個体（根元事象）	ω_1	ω_2	ω_3	ω_4	ω_5	ω_6
鼻の数 X	1	2	4	4	6	6
出現確率 $P(\{\omega\})$	$\frac{1}{8}$	$\frac{1}{4}$	$\frac{1}{4}$	$\frac{1}{16}$	$\frac{3}{16}$	$\frac{1}{8}$

この例の場合、個体ω_2は、個体ω_1に比べて2倍の確率で出現するので、$X=2$という観測データは、$X=1$という観測データに比べて2倍の比率で取得されるものと期待されます。話をわかりやすくするために、ある調査期間中に全部でN回、鼻行類の個体と遭遇したとします。Nは十分に大きな数だとしてください。この例では、実際の個体は$\omega_1 \sim \omega_6$の6つしかないので、同じ個体と何度も遭遇するわけですが、それぞれの出現確率にぴったり一致する割合で遭遇したと仮定すると、一般に、$i=1,\cdots,6$に対して、個体ω_iと遭遇した回数は、$P(\{\omega_i\}) \times N$になります。したがって、観測された鼻の数すべてについて、その平均値$\overline{X}$を計算すると、次のようになります。

$$\overline{X} = \frac{1}{N}\Big[1 \times P(\{\omega_1\})N + 2 \times P(\{\omega_2\})N + 4 \times P(\{\omega_3\})N + 4 \times P(\{\omega_4\})N + 6 \times P(\{\omega_5\})N + 6 \times P(\{\omega_6\})N\Big] \quad (2\text{-}1)$$

Nを約分して消去した後に、鼻の数が同じ個体について和をまとめると、次が得られます。

$$\overline{X} = P(\{\omega_1\}) + 2P(\{\omega_2\}) + 4\{P(\{\omega_3\}) + P(\{\omega_4\})\} + 6\{P(\{\omega_5\}) + P(\{\omega_6\})\}$$

このとき、たとえば、$P(\{\omega_3\}) + P(\{\omega_4\})$というのは、$X = 4$を満たす個体の出現確率であり、確率分布の定義より、$P_X(\{4\})$に一致することに気がつきます。確率関数で言うと、$p_X(4)$にあたります。したがって、各項の確率$P(\{\omega_i\})$は、確率関数で書き直すことができて、次が成り立ちます。

$$\overline{X} = 1 \cdot p_X(1) + 2 \cdot p_X(2) + 4 \cdot p_X(4) + 6 \cdot p_X(6)$$

結局のところ、Xの取りうるすべての値xについて、$xp_X(x)$を足し合わせたものが平均値に一致することがわかります。一般に、これを確率変数Xの**期待値**$E(X)$と呼びます▶定義6。次式の$\mathrm{Im}\,X$はXの値域、すなわち、取りうる値の集合を表わします。

$$E(X) = \sum_{x \in \mathrm{Im}\,X} xp_X(x) \quad (2\text{-}2)$$

ここまでの説明からわかるように、期待値というのは、すべての根元事象ωがその確率$P(\{\omega\})$に比例する割合で出現した場合の平均値を表わします。ただし、現実に観測される根元事象は、必ずしも正確に、確率の割合で出現するわけではありません。サイコロの例で言えば、60回サイコロを投げた際に、1の目は必ずしも10回出現するわけではありません。確率変数の期待値と、現実に観測されるデータの平均値の関係については、「2.4 大数の法則」であらためて議論します。

次に、表2.1の場合について、確率関数の値を計算すると、

$$
\begin{aligned}
p_X(1) &= \frac{1}{8} \\
p_X(2) &= \frac{1}{4} \\
p_X(4) &= \frac{1}{4} + \frac{1}{16} = \frac{5}{16} \\
p_X(6) &= \frac{3}{16} + \frac{1}{8} = \frac{5}{16}
\end{aligned}
$$

となるので、期待値を具体的に計算すると次が得られます。

$$
E(X) = 1 \times \frac{1}{8} + 2 \times \frac{1}{4} + 4 \times \frac{5}{16} + 6 \times \frac{5}{16} = \frac{15}{4} = 3.75
$$

ただし、Xの期待値が3.75だからと言っても、実際に観測されるXが3.75に近い値を取る確率が、必ずしも高いわけではありません。これは、図2.1の例を考えるとすぐにわかるでしょう。さらにまた、期待値$E(X)$の周りで確率$p_X(x)$が大きくなるような場合でも、図2.2に示すように、左右の広がり具合には変化があります。この広がり具合をとらえる指標が次に説明する分散と標準偏差です。

まず、それぞれの根元事象ωについて、Xの値$X(\omega)$と期待値$E(X)$の差の2乗$\{X(\omega) - E(X)\}^2$を計算して、その平均値を取ります。先と同じ鼻行類の例で言うと、期待値の計算と同様に、それぞれの個体について、出現確率$P(\{\omega\})$に一致する割合で遭遇したと仮定した場合の平均値です。(2-1)と同様に、各個体との遭遇回数を$P(\{\omega_i\}) \times N$として直接に書き下すと次が得られます。

$$
\begin{aligned}
\overline{\{X - E(X)\}^2} = \frac{1}{N}\Big[&\{1 - E(X)\}^2 \times P(\{\omega_1\})N + \{2 - E(X)\}^2 \times P(\{\omega_2\})N \\
&+\{4 - E(X)\}^2 \times P(\{\omega_3\})N + \{4 - E(X)\}^2 \times P(\{\omega_4\})N \\
&+\{6 - E(X)\}^2 \times P(\{\omega_5\})N + \{6 - E(X)\}^2 \times P(\{\omega_6\})N\Big]
\end{aligned}
$$

(2-1)と比較すると、鼻の数$X(\omega)\,(=1, 2, 4, 6)$の部分が$\{X(\omega) - E(X)\}^2$に置き換わっているだけなので、先と同様に、次のように書き換えることができます。

$$
\begin{aligned}
\overline{\{X - E(X)\}^2} = &\{1 - E(X)\}^2 \cdot p_X(1) + \{2 - E(X)\}^2 \cdot p_X(2) \\
&+\{4 - E(X)\}^2 \cdot p_X(4) + \{6 - E(X)\}^2 \cdot p_X(6)
\end{aligned}
$$

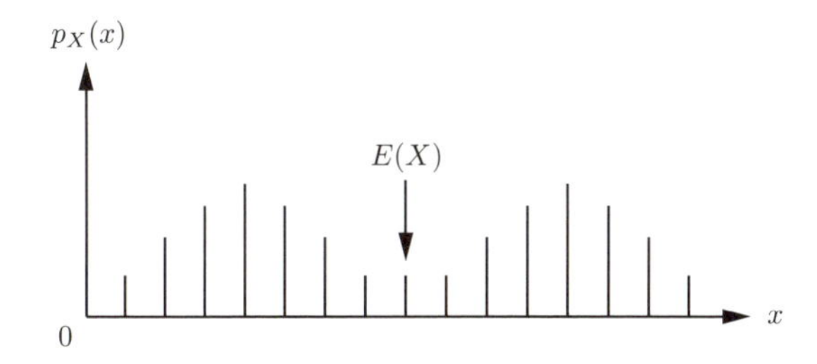

図2.1　期待値 $E(X)$ に近い値を取る確率が高くない例

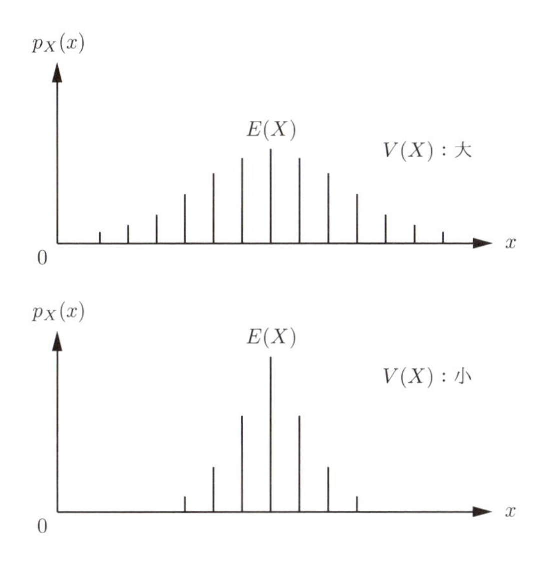

図2.2　期待値 $E(X)$ の周りの広がりが異なる確率分布の例

つまり、Xの取りうるすべての値xについて、$\{x - E(X)\}^2 p_X(x)$を足し合わせればよく、これを確率変数Xの**分散** $V(X)$ と呼びます▶**定義6**。分散を計算する際は、期待値 $E(X)$ の値は事前に計算されていることが前提となります。

$$V(X) = \sum_{x \in \mathrm{Im}\, X} \{x - E(X)\}^2 p_X(x) \tag{2-3}$$

ここであらためて分散の意味を考えてみましょう。これは、各個体のXの値xと平均値 $E(X)$ のズレ「$x - E(X)$」の2乗を平均したものです。ズレそのもの、つまり、

$x - E(X)$の平均値を取ると、$x > E(X)$の場合と$x < E(X)$の場合で正負の値がキャンセルしてしまうので、2乗することで正の値にそろえていると考えてください。2乗したものではなく、ズレそのものの程度を知りたい場合は、分散を計算した後に、その平方根を取って2乗の影響をキャンセルします。この値$\sqrt{V(X)}$を**標準偏差**と言います▶定義6。

表2.1の場合について、分散と標準偏差を定義にもとづいて計算すると、次が得られます。

$$
\begin{aligned}
V(X) &= (1-3.75)^2 \times \frac{1}{8} + (2-3.75)^2 \times \frac{1}{4} + (4-3.75)^2 \times \frac{5}{16} \\
&\quad + (6-3.75)^2 \times \frac{5}{16} \\
&\fallingdotseq 3.31 \\
\sqrt{V(X)} &\fallingdotseq 1.82
\end{aligned}
$$

次に、期待値と分散について成り立つ性質を説明します。まず、期待値については、次に示す線形性が成り立ちます▶定理8。すなわち、Xを任意の確率変数、a, bを任意の実数として、

$$
E(a + bX) = a + bE(X) \tag{2-4}
$$

が成り立ち、X_1, X_2を任意の確率変数として、

$$
E(X_1 + X_2) = E(X_1) + E(X_2) \tag{2-5}
$$

が成り立ちます。(2-4)と(2-5)を組み合わせると、一般に、実数a_0, a_1, a_2、および、確率変数X_1, X_2に対して、次が成り立ちます。

$$
E(a_0 + a_1X_1 + a_2X_2) = a_0 + a_1E(X_1) + a_2E(X_2) \tag{2-6}
$$

これらの関係は、本節の冒頭で説明した、「それぞれの個体について、その確率に比例する回数だけ遭遇した場合の平均値」という考え方を用いると簡単に導くことができます。たとえば、$X_1 + X_2$の期待値は、次のように計算されます。

$$
\begin{aligned}
E(X_1 + X_2) &= \sum_{\omega \in \Omega} \{X_1(\omega) + X_2(\omega)\} P(\{\omega\}) \\
&= \sum_{\omega \in \Omega} X_1(\omega) P(\{\omega\}) + \sum_{\omega \in \Omega} X_2(\omega) P(\{\omega\}) \\
&= E(X_1) + E(X_2)
\end{aligned}
$$

ただし、厳密には、$a + bX$ や $X_1 + X_2$ は、これら自身が新たな確率変数を定義している点に注意してください。確率変数というのは、根元事象から実数への写像でしたので、たとえば、$X' = a + bX$ とすると、これは、次の写像で定義される確率変数ということになります。

$$
\begin{aligned}
X' : \Omega &\longrightarrow \mathbf{R} \\
\omega &\longmapsto a + bX(\omega)
\end{aligned}
$$

同様に、$X' = X_1 + X_2$ とすると、これは、次の写像で定義される確率変数になります。

$$
\begin{aligned}
X' : \Omega &\longrightarrow \mathbf{R} \\
\omega &\longmapsto X_1(\omega) + X_2(\omega)
\end{aligned}
$$

そして、この観点で分散の定義 (2-3) を見直すと、これは、新しい確率変数 $X' = \{X - E(X)\}^2$ についての期待値になっていることがわかります。つまり、次の関係が成り立ちます。

$$
V(X) = E(\{X - E(X)\}^2)
$$

上式では、期待値の計算が入れ子になっているので、混乱しないように注意してください。はじめに X の期待値 $E(X)$ を計算して、具体的に得られた値 $E(X) = \mu$ を用いて、あらためて、期待値 $E((X - \mu)^2)$ を計算する形になります[※1]。この点に注意しながら、(2-6) を用いて上式の右辺を変形すると、次のようになります。

※1 μ はギリシャ文字・ミューの小文字。

$$V(X) = E((X-\mu)^2) = E(X^2 - 2\mu X + \mu^2)$$
$$= E(X^2) - 2\mu E(X) + \mu^2$$

最後に μ を $E(X)$ に戻すと、次の結果が得られます ▶定理9。実際に分散の値を計算するときは、こちらのほうが便利です。

$$V(X) = E(X^2) - E(X)^2 \tag{2-7}$$

なお、上式の2項、$E(X^2)$ と $E(X)^2$ が表わすものの違いに注意してください。たとえば、図2.3の場合、X は正の値と負の値が均等に出現するため、その期待値 $E(X)$ は0になります。つまり、$E(X)^2 = 0$ が成り立ちます。一方、X^2 は必ず正の値を取るため、確率変数 $X' = X^2$ の期待値は $E(X') = E(X^2) > 0$ となります。X の確率分布の広がりが大きいほど、X^2 はより大きな値を取ることになるので、その結果として、(2-7)で計算される分散 $V(X)$ はより大きな値を取ります。

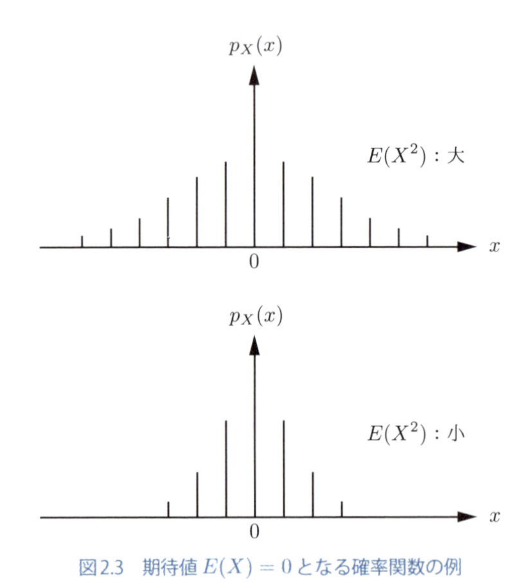

図2.3　期待値 $E(X) = 0$ となる確率関数の例

また、期待値と異なり、分散については線形性は成り立ちません。たとえば、$a + bX$ の分散を計算すると、(2-7)を用いて次の結果が得られます。

$$\begin{aligned}V(a+bX) &= E((a+bX)^2) - E(a+bX)^2 \\ &= E(a^2+2abX+b^2X^2) - \{a+bE(X)\}^2 \\ &= \{a^2+2abE(X)+b^2E(X^2)\} - \{a^2+2abE(X)+b^2E(X)^2\} \\ &= b^2\{E(X^2)-E(X)^2\}\end{aligned}$$

最後の項は、$b^2V(X)$に一致するので、結局、次の関係が成り立ちます▶定理9。

$$V(a+bX) = b^2V(X) \tag{2-8}$$

分散は、期待値の周りの広がり具合を表わすものなので、Xに定数aを加えて平行移動しても分散は変わりません。一方、Xをb倍すると、分散はb^2倍に広がるということがわかります。

なお、$E(X^2)$と$E(X)^2$が一致しないことと同様に、一般に、2つの確率変数X_1とX_2について、$E(X_1X_2)$と$E(X_1)E(X_2)$は異なる値になります。そもそも$X'=X_1X_2$は、次で定義される新しい確率変数なので、その期待値を計算する方法は、自明というわけではありません。

$$\begin{aligned}X' : \Omega &\longrightarrow \mathbf{R} \\ \omega &\longmapsto X_1(\omega)X_2(\omega)\end{aligned}$$

(2-6)の直後と同様の議論を用いてもかまわないのですが、ここでは、より厳密に、期待値の定義(2-2)にもとづいて、X'の期待値$E(X')$の計算方法を確認します。まず、期待値の定義に戻ると、

$$E(X') = \sum_{x\in \mathrm{Im}\, X'} xp_{X'}(x) \tag{2-9}$$

が成り立ちます。ここで、$X'(\omega)=x$を満たす根元事象ωの集合をΩ_xとして、確率関数$p_{X'}(x)$は次式で与えられます。

$$p_{X'}(x) = P(\Omega_x) \tag{2-10}$$

一方、$x\in \mathrm{Im}\, X'$を1つ固定した場合、$x_1 \in \mathrm{Im}\, X_1$, $x_2 \in \mathrm{Im}\, X_2$の中で、$x_1x_2$

$= x$ を満たす値の組 $(x_1,\ x_2)$ は複数あるので、これらを集めた集合を W_x とします。

$$W_x = \{(x_1,\ x_2) \mid x_1 \in \mathrm{Im}\, X_1,\ x_2 \in \mathrm{Im}\, X_2,\ x_1 x_2 = x\}$$

このとき、先ほどの Ω_x は、次のように表わすことができます。

$$\Omega_x = \{\omega \in \Omega \mid (X_1(\omega),\ X_2(\omega)) \in W_x\}$$

さらに、Ω_x の要素を $(X_1(\omega),\ X_2(\omega))$ が特定の値 $(x_1,\ x_2) \in W_x$ を取るものごとにグループ分けすると、

$$\Omega_{(x_1,\,x_2)} = \{\omega \in \Omega \mid (X_1(\omega),\ X_2(\omega)) = (x_1,\ x_2)\}$$

と置いて、

$$\Omega_x = \bigcup_{(x_1,\,x_2) \in W_x} \Omega_{(x_1,\,x_2)} \tag{2-11}$$

が成り立ちます。ここで、X_1 と X_2 を組み合わせた確率変数 $W = (X_1,\ X_2)$ を考えて、その確率関数を $p_W(x_1,\ x_2)$ とすると、「1.4　確率変数と確率分布」の(1-35)と同様に、

$$p_W(x_1,\ x_2) = P(\Omega_{(x_1,\,x_2)})$$

が成り立ちます。したがって、$(x_1,\ x_2) \neq (x_1',\ x_2')$ であれば、$\Omega_{(x_1,\,x_2)} \cap \Omega_{(x_1',\,x_2')} = \phi$ に注意して、(2-11)より、

$$P(\Omega_x) = \sum_{(x_1,\,x_2) \in W_x} P(\Omega_{(x_1,\,x_2)}) = \sum_{(x_1,\,x_2) \in W_x} p_W(x_1,\ x_2)$$

が成り立つので、これを(2-10)に代入して、

$$p_{X'}(x) = \sum_{(x_1,\,x_2) \in W_x} p_W(x_1,\ x_2)$$

という関係が得られます。この関係を(2-9)に代入すると、期待値$E(X')$は次のように書き直すことができます。

$$
\begin{aligned}
E(X') &= \sum_{x\in \mathrm{Im}\,X'} xp_{X'}(x) = \sum_{x\in \mathrm{Im}\,X'} x\left\{\sum_{(x_1,\,x_2)\in W_x} p_W(x_1,\,x_2)\right\} \\
&= \sum_{x\in \mathrm{Im}\,X'}\sum_{(x_1,\,x_2)\in W_x} x_1x_2p_W(x_1,\,x_2)
\end{aligned}
$$

最後の等号は、$(x_1,\,x_2)\in W_x$という条件を満たす和の中では、$x=x_1x_2$が成り立つことによります。そして、図2.4からわかるように、$x\in \mathrm{Im}\,X'$と$(x_1,\,x_2)\in W_x$という条件による2重和は、すべての$(x_1,\,x_2)(x_1\in \mathrm{Im}\,X_1,\,x_2\in \mathrm{Im}\,X_2)$の組に対する和と同等なので、$E(X')$を$E(X_1X_2)$と書き直して、最終的に次の結果が得られます▶定理10。

$$
E(X_1X_2) = \sum_{x_1\in \mathrm{Im}\,X_1}\sum_{x_2\in \mathrm{Im}\,X_2} x_1x_2p_W(x_1,\,x_2) \tag{2-12}
$$

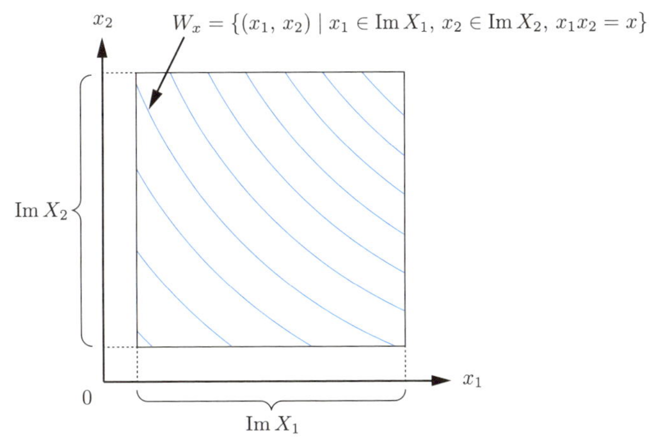

図2.4 $(x_1,\,x_2)$の組をx_1x_2の値ごとに分けた様子

この結果を見ると、X_1とX_2が独立で、「1.5 主要な定理のまとめ」の▶定理7より$p_W(x_1,\,x_2)=p_{X_1}(x_1)p_{X_2}(x_2)$が成り立つ場合は、次の計算により、$E(X_1X_2)$

$=E(X_1)E(X_2)$ となることがわかります。

$$
\begin{aligned}
E(X_1X_2) &= \sum_{x_1\in \mathrm{Im}\,X_1}\sum_{x_2\in \mathrm{Im}\,X_2} x_1x_2p_{X_1}(x_1)p_{X_2}(x_2) \\
&= \left\{\sum_{x_1\in \mathrm{Im}\,X_1} x_1p_{X_1}(x_1)\right\}\left\{\sum_{x_2\in \mathrm{Im}\,X_2} x_2p_{X_2}(x_2)\right\} \\
&= E(X_1)E(X_2) \qquad (2\text{-}13)
\end{aligned}
$$

なお、(2-12)を導いた際の計算を一般化すると、X_1 と X_2 を組み合わせた任意の関数を $X'(\omega)=f(X_1(\omega),\,X_2(\omega))$ として、

$$
E(X') = \sum_{x_1\in \mathrm{Im}\,X_1}\sum_{x_2\in \mathrm{Im}\,X_2} f(x_1,\,x_2)p_W(x_1,\,x_2) \qquad (2\text{-}14)
$$

が成り立つことも言えます。この計算式における $p_W(x_1,\,x_2)$ を X_1 と X_2 の同時確率関数と呼びます。結局のところ、これは、$(x_1,\,x_2)$ のあらゆる組に対して、その同時確率の重みで関数 $f(x_1,\,x_2)$ の平均を取ることを意味します。

ここで最後に、期待値が存在しない例を紹介しておきます。本節の冒頭では、確率変数の期待値というのは、すべての根元事象 ω が確率 $P(\{\omega\})$ に比例する割合で出現した場合の平均値を表わすと説明しました。現実の観測データであれば、観測される根元事象の数は有限個なので、その平均値は必ず計算することができます。しかしながら、期待値の場合は、すべての根元事象を勘案する必要があるため、根元事象の個数が無限個の場合は、期待値の値が発散することもありえます。たとえば、表2.2の標本空間を考えると、すべての根元事象に対する出現確率 $P(\{\omega\})$ の和は、次のように正しく1に収束しています。

$$
\frac{1}{2}+\frac{1}{4}+\frac{1}{8}+\cdots = \frac{\frac{1}{2}}{1-\frac{1}{2}} = 1
$$

しかしながら、確率変数 X の期待値を計算すると、

$$E(X) = 2 \times \frac{1}{2} + 4 \times \frac{1}{4} + \cdots = 1 + 1 + \cdots$$

となり、明らかに無限大に発散してしまいます。期待値 $E(X)$ が存在しなければ、それをもとに定義される分散 $V(X)$ も存在しないことになります。本節で説明した内容は、すべて、期待値が存在するという前提であり、期待値が存在しない確率変数には適用できない点に注意してください。

表 2.2　期待値が発散する確率変数の例

根元事象	ω_1	ω_2	ω_3	ω_4	$\cdots$
確率変数 X	2	4	8	16	$\cdots$
出現確率 $P(\{\omega\})$	$\frac{1}{2}$	$\frac{1}{4}$	$\frac{1}{8}$	$\frac{1}{16}$	$\cdots$

2-2 共分散と相関係数

前節では、2種類の確率変数 X_1 と X_2 を組み合わせた確率変数 $X' = f(X_1, X_2)$ の期待値の計算方法(2-14)を説明しました。ここで特に、確率変数 $X' = (X_1 - E(X_1))(X_2 - E(X_2))$ に対する期待値 $E(X')$ を X_1, X_2 の**共分散**と言い、次の記号で表わします▶定義7。

$$\mathrm{Cov}(X_1, X_2) = E((X_1 - E(X_1))(X_2 - E(X_2)))$$

共分散の意味はこの後すぐに説明しますが、その前に、期待値の性質を用いて、上式をより簡単な形に整理しておきます。

$$\begin{aligned}\mathrm{Cov}(X_1, X_2) &= E((X_1 - E(X_1))(X_2 - E(X_2))) \\ &= E(X_1X_2 - E(X_1)X_2 - X_1E(X_2) + E(X_1)E(X_2)) \\ &= E(X_1X_2) - 2E(X_1)E(X_2) + E(X_1)E(X_2) \\ &= E(X_1X_2) - E(X_1)E(X_2)\end{aligned}$$

したがって、次の関係が成り立ちます▶定理11。

$$\mathrm{Cov}(X_1, X_2) = E(X_1X_2) - E(X_1)E(X_2) \qquad (2\text{-}15)$$

これより、X_1 と X_2 が独立であれば、前節の(2-13)より、$\mathrm{Cov}(X_1, X_2) = 0$ となることがわかります。また、共分散の定義において、$X_1 = X_2$ とすると、これは $X_1(= X_2)$ の分散 $V(X_1)$ に一致することがわかります。そこで、一般に、

$$C_{ij} = E((X_i - E(X_i))(X_j - E(X_j))) = E(X_iX_j) - E(X_i)E(X_j)$$

と置いて、C_{ij} を (i, j) 成分とする 2×2 行列 C を定義すると、次の関係が成り立ちます。

$$C = \begin{pmatrix} V(X_1) & \mathrm{Cov}(X_1, X_2) \\ \mathrm{Cov}(X_2, X_1) & V(X_2) \end{pmatrix}$$

この行列 C を X_1, X_2 の**分散共分散行列**と言います▶定義7。$C(X_1, X_2) =$

$C(X_2, X_1)$であることから、これは対称行列になります。

それでは、ここで、共分散の意味を説明します。まず、前節の(2-14)を用いると、次の関係が成り立ちます。

$$\mathrm{Cov}(X_1, X_2) = \sum_{x_1 \in \mathrm{Im}\, X_1} \sum_{x_2 \in \mathrm{Im}\, X_2} (x_1 - E(X_1))(x_2 - E(X_2)) p_W(x_1, x_2) \tag{2-16}$$

ここで、一例として、「$x_1 > E(X_1)$かつ$x_2 > E(X_2)$」、もしくは、「$x_1 < E(X_1)$かつ$x_2 < E(X_2)$」の場合だけ$p_W(x_1, x_2) > 0$で、その他の場合は$p_W(x_1, x_2) = 0$であったと仮定します。つまり、ある根元事象ωに対して、$X_1(\omega)$が平均値より大きければ（小さければ）、$X_2(\omega)$も必ず平均値より大きい（小さい）ということです。この場合、(2-16)の和の中で、$(x_1 - E(X_1))(x_2 - E(X_2)) > 0$の部分のみが値を持つので、$\mathrm{Cov}(X_1, X_2) > 0$が成り立ちます。これとは逆に、「$x_1 > E(X_1)$かつ$x_2 < E(X_2)$」、もしくは、「$x_1 < E(X_1)$かつ$x_2 > E(X_2)$」の場合だけ$p_W(x_1, x_2) > 0$で、その他の場合は$p_W(x_1, x_2) = 0$であるとすると、$\mathrm{Cov}(X_1, X_2) < 0$が成り立ちます。

これより一般に、同時確率関数$p_W(x_1, x_2)$を(x_1, x_2)平面上にグラフ表示した際に、$(E(X_1), E(X_2))$を中心にして、左下と右上の領域で大きな値を取れば$\mathrm{Cov}(X_1, X_2) > 0$、左上と右下の領域で大きな値を取れば$\mathrm{Cov}(X_1, X_2) < 0$となることが想像できます。また、グラフ上に示された「確率の山」がより遠くまで広がると、$\mathrm{Cov}(X_1, X_2)$の絶対値はより大きくなります。前節の図2.2（p.55）のように、分散$V(X)$が、1つの確率変数Xに対する「確率の山」の広がりを表わすのに対して、共分

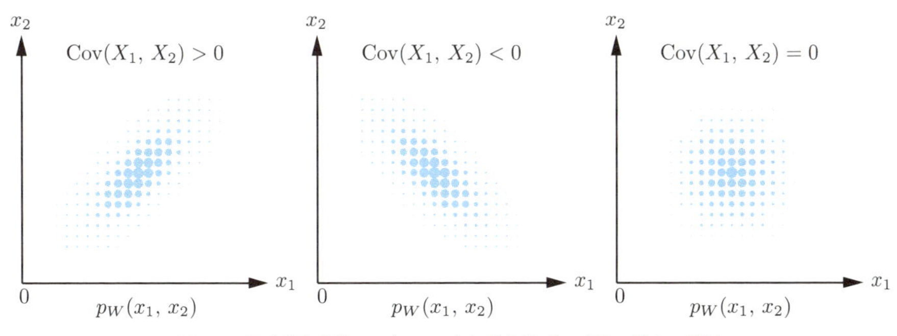

図2.5　同時確率関数$p_W(x_1, x_2)$と共分散$\mathrm{Cov}(X_1, X_2)$の関係

散 $\mathrm{Cov}(X_1,\,X_2)$ は、2つの確率変数 $X_1,\,X_2$ に対して、山が広がる方向（右上がり／右下がり）をあわせて示す指標となります。この様子を模式的に表わしたものが、図2.5になります。

鼻行類の例で言うと、X_1 を鼻の数、X_2 を体長として、表2.3、表2.4の2つの場合が考えられます。表2.3の場合は、鼻の数が多いほど体長が大きいという傾向があり、その結果、共分散の値は正になります。具体的に計算すると、次の結果が得られます。

$$E(X_1) = 1\times\frac{1}{8} + 2\times\frac{1}{4} + 4\times\left(\frac{1}{4}+\frac{1}{16}\right) + 5\times\frac{3}{16} + 6\times\frac{1}{8} = \frac{57}{16}$$

$$E(X_2) = 4\times\frac{1}{8} + 5\times\left(\frac{1}{4}+\frac{1}{4}\right) + 6\times\frac{1}{16} + 7\times\frac{3}{16} + 9\times\frac{1}{8} = \frac{93}{16}$$

$$E(X_1X_2) = 4\times\frac{1}{8} + 10\times\frac{1}{4} + 20\times\frac{1}{4} + 24\times\frac{1}{16} + 35\times\frac{3}{16} + 54\times\frac{1}{8} = \frac{365}{16}$$

$$\mathrm{Cov}(X_1,\,X_2) = E(X_1X_2) - E(X_1)E(X_2) = \frac{365}{16} - \frac{57}{16}\cdot\frac{93}{16} \fallingdotseq 2.11$$

一方、表2.4の場合は、鼻の数が多いほど体長が小さいという傾向があり、その結果、共分散の値は負になります。表2.3と同様に計算すると、次の結果が得られます。

$$\mathrm{Cov}(X_1,\,X_2) \fallingdotseq -2.86$$

表2.3　鼻行類の個体に関する標本空間（共分散が正の例）

個体（根元事象）	ω_1	ω_2	ω_3	ω_4	ω_5	ω_6
鼻の数 X_1	1	2	4	4	5	6
体長 X_2	4	5	5	6	7	9
出現確率 $P(\{\omega\})$	$\frac{1}{8}$	$\frac{1}{4}$	$\frac{1}{4}$	$\frac{1}{16}$	$\frac{3}{16}$	$\frac{1}{8}$

表2.4　鼻行類の個体に関する標本空間（共分散が負の例）

個体（根元事象）	ω_1	ω_2	ω_3	ω_4	ω_5	ω_6
鼻の数 X_1	1	2	4	4	5	6
体長 X_2	9	7	6	4	4	3
出現確率 $P(\{\omega\})$	$\frac{1}{8}$	$\frac{1}{4}$	$\frac{1}{4}$	$\frac{1}{16}$	$\frac{3}{16}$	$\frac{1}{8}$

ただし、共分散の値だけから、$p_W(x_1, x_2)$の様子が完全に決まるわけではありません。たとえば、図2.6の3つの例では、どれも4つの方向すべての領域に対して、$p_W(x_1, x_2)$は同程度に広がっており、いずれも共分散は0になります。共分散の値によって、右上がり／右下がりという大きな傾向をとらえることはできますが、それ以外の細かな情報は、$p_W(x_1, x_2)$のグラフを直接に見て確かめる必要があります。

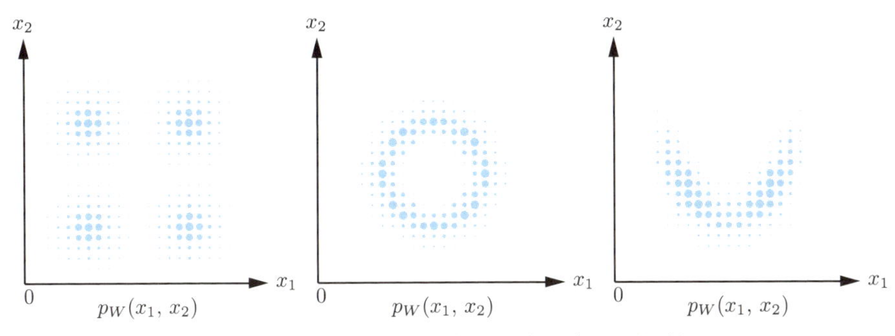

図2.6　共分散が0になる同時確率関数 $p_W(x_1, x_2)$の例

また、$a_1 + b_1X_1$と$a_2 + b_2X_2$の共分散を計算すると、(2-15)を用いて、次の結果が得られます。

$$\begin{aligned}
&\mathrm{Cov}(a_1 + b_1X_1,\ a_2 + b_2X_2) \\
&= E((a_1 + b_1X_1)(a_2 + b_2X_2)) - E(a_1 + b_1X_1)E(a_2 + b_2X_2) \\
&= E(a_1a_2 + a_1b_2X_2 + b_1a_2X_1 + b_1b_2X_1X_2) - (a_1 + b_1E(X_1))(a_2 + b_2E(X_2)) \\
&= \{a_1a_2 + a_1b_2E(X_2) + b_1a_2E(X_1) + b_1b_2E(X_1X_2)\} \\
&\quad -\{a_1a_2 + a_1b_2E(X_2) + b_1a_2E(X_1) + b_1b_2E(X_1)E(X_2)\} \\
&= b_1b_2\{E(X_1X_2) - E(X_1)E(X_2)\} \\
&= b_1b_2\mathrm{Cov}(X_1,\ X_2)
\end{aligned}$$

したがって、次の関係が成り立ちます ▶定理11。

$$\mathrm{Cov}(a_1 + b_1X_1,\ a_2 + b_2X_2) = b_1b_2\mathrm{Cov}(X_1,\ X_2) \tag{2-17}$$

分散と同じく、共分散は、期待値の周りの広がりを表わすものなので、X_1, X_2を

a_1, a_2だけ平行移動してもその値は変わりません。一方、X_1, X_2をb_1, b_2倍すると、共分散は$b_1 b_2$倍に広がります。

ここで、1つの確率変数Xの場合に話を戻して、確率変数の正規化について説明します。先ほどの鼻行類の例において、たとえば、体長の値を考える際に、その単位をどのように取るのかによって、その値は定数倍に変化します。このような定数倍の自由度を利用すると、（分散の値が存在する）任意の確率変数について、分散を1に調整することができます。これと同様に、定数を加えて平行移動すれば、期待値を0にすることができます。具体的には、確率変数Xに対して、新しい確率変数Wを次で定義します。

$$W = \frac{X - E(X)}{\sqrt{V(X)}} \tag{2-18}$$

このとき、前節の(2-4)、および、(2-8)を用いると、Wについて、$E(W) = 0$, $V(W) = 1$が成り立つことがすぐにわかります。(2-18)の変換によって、確率変数を期待値0、分散1に調整することを確率変数の**正規化**と言います▶定理13。

そして、2つの確率変数X_1, X_2について、それぞれを正規化した後に共分散を計算したものを**相関係数**$\rho(X_1, X_2)$と言います[※2]。具体的には、(2-17)を用いて、次のように計算されます。

$$\rho(X_1, X_2) = \mathrm{Cov}\left(\frac{X_1 - E(X_1)}{\sqrt{V(X_1)}}, \frac{X_2 - E(X_2)}{\sqrt{V(X_2)}}\right) = \frac{\mathrm{Cov}(X_1, X_2)}{\sqrt{V(X_1)V(X_2)}}$$

したがって、次を相関係数の定義とすることができます▶定義8。

$$\rho(X_1, X_2) = \frac{\mathrm{Cov}(X_1, X_2)}{\sqrt{V(X_1)V(X_2)}}$$

共分散は、右上がり／右下がりという傾向に加えて、確率の山の広がり具合をあわせて示すものであり、確率変数X_1, X_2が取る値の範囲に応じて値が変わります。しかしながら、先ほどの鼻行類の体長のように、値の大きさそのものは本質的でない場合も

※2　ρはギリシャ文字・ローの小文字。

2

あります。そのような際は、X_1, X_2を正規化して計算した、相関係数の値を見ることで、右上がり／右下がりという傾向のみを純粋にとらえることができます。相関係数は、

$$-1 \leq \rho(X_1, X_2) \leq 1$$

という関係を満たしており、値の範囲は-1から1に限定されます[※3]。具体的な証明はここでは割愛しますが、一般に、相関係数が$\rho(X_1, X_2) = \pm 1$となるのは、$X_1 = aX_2 + b$のように、X_1とX_2が1次関数の関係にある場合に限ります。

ここで、分散と共分散についての関係式を1つ示しておきます。これは、$X_1 + X_2$の分散を計算すると、X_1, X_2の共分散が現われるというもので、前節の(2-7)を用いて、次のように計算されます。

$$\begin{aligned}
&V(X_1 + X_2) \\
&\quad = E((X_1 + X_2)^2) - E(X_1 + X_2)^2 \\
&\quad = E(X_1^2 + 2X_1X_2 + X_2^2) - \{E(X_1) + E(X_2)\}^2 \\
&\quad = \{E(X_1^2) + 2E(X_1X_2) + E(X_2^2)\} - \{E(X_1)^2 + 2E(X_1)E(X_2) + E(X_2)^2\} \\
&\quad = V(X_1) + V(X_2) + 2\mathrm{Cov}(X_1, X_2)
\end{aligned}$$

最後の等号では、(2-7)、および、(2-15)の関係を用いています。これより、次の関係が成り立ちます▶定理11。

$$V(X_1 + X_2) = V(X_1) + V(X_2) + 2\mathrm{Cov}(X_1, X_2) \tag{2-19}$$

これは、たとえば、$\mathrm{Cov}(X_1, X_2) < 0$であれば、$X_1 + X_2$の分散$V(X_1 + X_2)$は、それぞれの分散の和$V(X_1) + V(X_2)$より小さくなることを示しています。共分散が負の値を取る場合、$X_1 > E(X_1)$のときは、$X_2 < E(X_2)$となる（逆に$X_1 < E(X_1)$のときは、$X_2 > E(X_2)$となる）傾向がありましたので、期待値$E(X_1 + X_2) = E(X_1) + E(X_2)$の周りの$X_1 + X_2$の変動は、全体として小さくなるものと理解できます。逆に、$\mathrm{Cov}(X_1, X_2) > 0$の場合、$X_1$と$X_2$は同時に大きく（もしく

※3　証明については、p.94「2.6　演習問題」問1を参照。

は、小さく）なる傾向があるため、$X_1 + X_2$の変動はより大きくなるというわけです。

最後に、X_1とX_2が独立な確率変数であるときに成り立つ関係をまとめておきます

▶定理12。まず、「2.1　確率変数の期待値と分散」の(2-13)で示したように、

$$E(X_1X_2) = E(X_1)E(X_2)$$

が成り立ちます。したがって、(2-15)の直後に説明したように、X_1とX_2の共分散は0になります。

$$\mathrm{Cov}(X_1,\ X_2) = 0$$

さらにこのとき、(2-19)より、次の関係が成り立ちます。

$$V(X_1 + X_2) = V(X_1) + V(X_2)$$

2.3 主要な離散型確率分布

これまで用いてきた鼻行類の鼻の数や体長といった確率変数は、説明のための架空の例ですが、現実世界で得られる観測データには、類似の確率分布を持つ確率変数として表現できるものが多数あります。ここでは、そのような典型的な確率分布の例を紹介します。それぞれ、どのような仕組みがその背後に想定されているのかをあわせて理解するようにしてください。

2

2.3.1 離散一様分布

離散一様分布は、確率変数Xにおいて、取りうるすべての値$x \in \mathrm{Im}\,X$が同じ確率で出現するというものです▶定義9。偏りのないサイコロを投げて、出た目の値を確率変数Xとすれば、離散一様分布が得られます。サイコロの例であれば、Xの取りうる値は、1〜6の6通りあるので、すべての値についての確率の和が1になるという条件、

$$\sum_{x=1}^{6} p_X(x) = 1$$

を考慮すると、個々の値に対する確率は次に決まります。

$$p_X(x) = \frac{1}{6}\ (x = 1, \cdots, 6)$$

一般に、$x = a, a+1, \cdots, b\,(b = a+N-1)$の$N$通りの値を取る場合を考えると、

$$p_X(x) = \frac{1}{N}\ (x = a, \cdots, b)$$

であり、期待値$E(X)$と分散$V(X)$は次のように計算されます※4。

※4　証明については、p.94「2.6　演習問題」問2を参照。

$$E(X) = \frac{a+b}{2}$$
$$V(X) = \frac{(b-a+1)^2 - 1}{12}$$

なお、先ほど、離散一様分布の例としてサイコロの目をあげましたが、これは、表2.5の確率空間を想定していることになります。

表2.5　偏りのないサイコロの確率空間

根元事象	ω_1	ω_2	ω_3	ω_4	ω_5	ω_6
出た目 X	1	2	3	4	5	6
出現確率 $P(\{\omega\})$	$\frac{1}{6}$	$\frac{1}{6}$	$\frac{1}{6}$	$\frac{1}{6}$	$\frac{1}{6}$	$\frac{1}{6}$

一方、表2.6の確率空間においても、確率変数Xは同じ確率分布に従います。与えられた確率分布P_Xに対して、それを実現する確率空間は一意ではない点に注意してください。

表2.6　偏りのないサイコロと同じ確率分布を持つ確率空間

根元事象	ω_1	ω_2	ω_3	ω_4	ω_5	ω_6	ω_7	ω_8	ω_9
観測値 X	1	1	2	2	3	4	5	6	6
出現確率 $P(\{\omega\})$	$\frac{1}{12}$	$\frac{1}{12}$	$\frac{1}{18}$	$\frac{2}{18}$	$\frac{1}{6}$	$\frac{1}{6}$	$\frac{1}{6}$	$\frac{1}{12}$	$\frac{1}{12}$

2.3.2　ベルヌーイ分布

ベルヌーイ分布は、確率変数Xの取りうる値が$x=0,1$の2種類しかない場合の確率分布です▶定義10。$x=1$の確率を$p_X(1)=p$とすると、すべての値についての確率の和が1になるという条件、

$$p_X(0) + p_X(1) = 1$$

から、$x=0$の確率は自動的に$p_X(0)=1-p$と決まります。また、指数法則$a^0 = 1$, $a^1 = a$を用いると、$x=0,1$の2つの場合をまとめて次のように表わすことがで

きます。

$$p_X(x) = p^x(1-p)^{1-x}$$

期待値と分散については、定義から直接計算すると次の結果が得られます。

$$E(X) = 1 \cdot p + 0 \cdot (1-p) = p$$
$$V(X) = (1-p)^2 \cdot p + (0-p)^2 \cdot (1-p) = p(1-p)$$

分散$V(X)$をpの関数としてグラフに表わすと、図2.7のようになります。これより、$p = \frac{1}{2}$の際に分散は最大になることがわかります。この場合、$x=0$と$x=1$が同じ確率で発生するので、どちらかに偏ることなく均等に値が広がることに対応する結果と言えるでしょう。

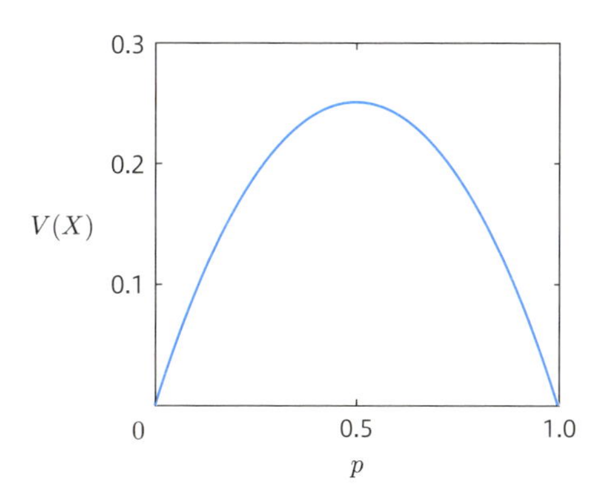

図2.7　ベルヌーイ分布の分散$V(X)$

2.3.3 二項分布

n枚のコインを投げて、それぞれが表、もしくは、裏の状態を取るとした際の表／裏の組み合わせを根元事象とします。表2.7は、10枚のコインを投げた際の根元事象の例になります。このとき、x枚が表、$n-x$枚が裏の事象に対して、その確率を$P(\{\omega\}) = p^x(1-p)^{n-x}$で定義します。これは、1枚のコインについて、表が出る確率をpとした場合に相当します。

表2.7 10枚のコインを投げた際の根元事象の例

根元事象 ＼ コイン	①	②	③	④	⑤	⑥	⑦	⑧	⑨	⑩
ω_1	表	裏	表	表	表	裏	表	表	表	裏
ω_2	表	表	表	裏	表	表	表	裏	表	表
ω_3	裏	裏	表	裏	表	裏	表	表	裏	表

このとき、根元事象ωに対して、そこに含まれる表のコインの枚数を確率変数$X(\omega)$とすると、$X(\omega)=x$を満たす根元事象の数は、${}_n\mathrm{C}_x=\dfrac{n!}{x!(n-x)!}$個、つまり、$n$枚のコインの中で表となる$x$枚を選ぶ場合の数に相当します。したがって、$x=0,\cdots,n$に対して、$X=x$となる確率は、

$$p_X(x)={}_n\mathrm{C}_x p^x(1-p)^{n-x} \tag{2-20}$$

と決まります。この確率分布を二項分布と呼びます▶定義11。$n=1$の場合、これはベルヌーイ分布に一致します。

上記の確率分布が確率としての条件、すなわち、すべての値についての確率の和が1になることは、次の計算で確認できます。それぞれの値についての確率の和が、$\{p+(1-p)\}^n$を2項展開したものに一致している点に注意してください。

$$\sum_{x=0}^{n} p_X(x)=\sum_{x=0}^{n} {}_n\mathrm{C}_x p^x(1-p)^{n-x}=\{p+(1-p)\}^n=1$$

図2.8は、いくつかのp,nに対して、$p_X(x)$をグラフに表わしたものです※5。nを固定した場合、pの値を大きくすると、xが大きくなる方向に「確率の山」が移動する様子がわかります。すぐ後で示すように、実際に期待値を計算すると、$E(X)=np$という結果が得られます。分散については、$V(X)=np(1-p)$となります。

現実世界の問題としては、たとえば、一定の確率pで、ある遺伝的特徴を示す植物群があり、n個の標本を採取した際に、その特徴を持つ固定がx体含まれる確率などを考えることができます。一般に、確率p、標本数nの二項分布を$\mathrm{Bn}(p,n)$という記号で表わします※6。

※5 $x>n$の場合は、$p_X(x)=0$と定義しています。

※6 二項分布を英語で「Binomial Distribution」と言うことに由来する記号です。

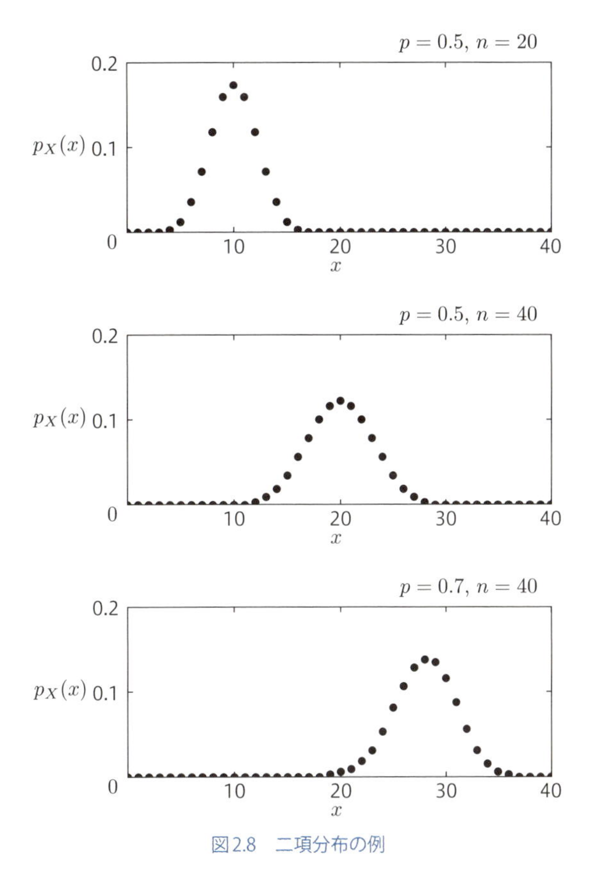

図2.8　二項分布の例

それでは、二項分布の期待値と分散を計算しておきます。期待値については、やや技巧的ですが、次のように直接計算することができます。

$$
\begin{aligned}
E(X) &= \sum_{x=0}^{n} x p_X(x) = \sum_{x=1}^{n} x \frac{n!}{x!(n-x)!} p^x (1-p)^{n-x} \\
&= np \sum_{x=1}^{n} \frac{(n-1)!}{(x-1)!\{(n-1)-(x-1)\}!} p^{x-1} (1-p)^{(n-1)-(x-1)} \\
&= np \sum_{x'=0}^{n-1} \frac{(n-1)!}{x'!\{(n-1)-x'\}!} p^{x'} (1-p)^{(n-1)-x'} \\
&= np\{p + (1-p)\}^{n-1} = np
\end{aligned}
$$

2行目から3行目への変形では、$x' = x - 1$という変数変換を行なっています。分散については、まず、同様の手法を用いて、$E(X(X-1))$を計算します。

$$
\begin{aligned}
&E(X(X-1)) \\
&= \sum_{x=0}^{n} x(x-1)p_X(x) = \sum_{x=2}^{n} x(x-1)\frac{n!}{x!(n-x)!}p^x(1-p)^{n-x} \\
&= n(n-1)p^2 \sum_{x=2}^{n} \frac{(n-2)!}{(x-2)!\{(n-2)-(x-2)\}!}p^{x-2}(1-p)^{(n-2)-(x-2)} \\
&= n(n-1)p^2 \sum_{x'=0}^{n-2} \frac{(n-2)!}{x'!\{(n-2)-x'\}!}p^{x'}(1-p)^{(n-2)-x'} \\
&= n(n-1)p^2\{p+(1-p)\}^{n-2} = n(n-1)p^2
\end{aligned}
\tag{2-21}
$$

この結果を用いると、分散は次のように計算できます。

$$
\begin{aligned}
V(X) &= E(X^2) - E(X)^2 = E(X(X-1)) + E(X) - E(X)^2 \\
&= n(n-1)p^2 + np - (np)^2 = np(1-p)
\end{aligned}
$$

2.3.4　ポアソン分布

先に定義を示すと、ポアソン分布とは、$x = 0, 1, 2, \cdots$に対して、確率関数$p_X(x)$が次式で与えられる確率分布を指します▶定義12。

$$
p_X(x) = \frac{e^{-\lambda}\lambda^x}{x!} \ (x = 0, 1, 2, \cdots) \tag{2-22}
$$

ここで、λは、任意の正の実数を表わします[※7]。これは、グラフに表わすと、図2.9のようにλの付近に山の頂点がある分布となっており、期待値と分散が共にλに一致するという特徴があります[※8]。

$$
E(X) = \lambda, \ V(X) = \lambda \tag{2-23}
$$

※7　λはギリシャ文字・ラムダの小文字。

※8　証明については、p.95「2.6　演習問題」問3を参照。

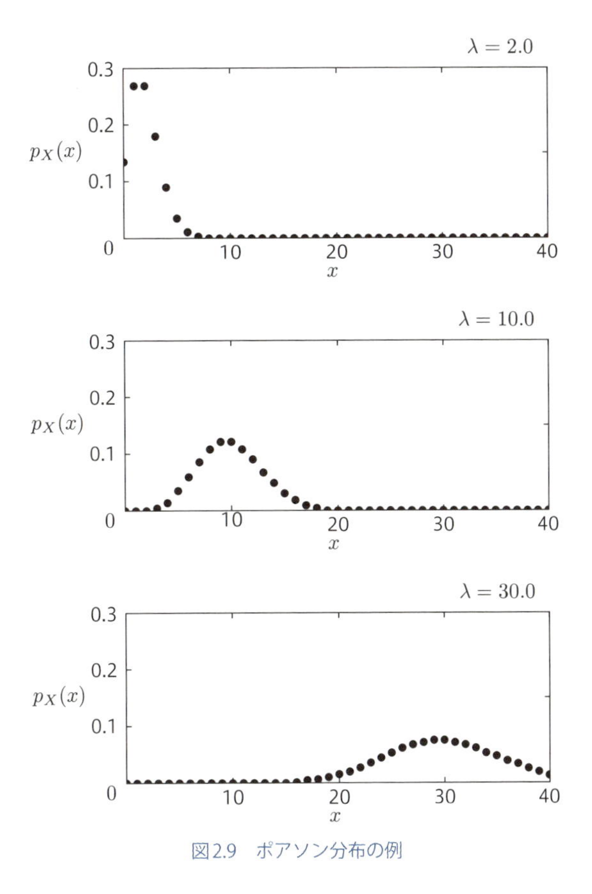

図2.9　ポアソン分布の例

そして、現実世界では、次のような現象がポアソン分布に従うことが経験的に知られています。

- 1日に受け取るメールの数
- 1分間のWebサーバーへのアクセス数
- 単位時間あたりに自然崩壊する放射性元素の数

それでは、なぜ、これらの現象はポアソン分布に従うのでしょうか？　これは、二項分布において標本の採集数nを無限に大きくした場合の極限として理解することができます。たとえば、1日に受け取るメール数を予測する場合、1時間に最大でも1通しか受け取らないユーザーであれば、1日を1時間ごとの24個の区間に区切り、各区間におけるメールの有無の組み合わせを根元事象とすることができます（表2.8）。この場合、各区間でメールを受け取る確率をpとすれば、1日のメール受信数、すなわち、「メール有り」となる区間の数は、二項分布$\mathrm{Bn}(24, p)$に従います。

表2.8　メール受信の有無の組み合わせによる根元事象

		時間帯					
		1時	2時	3時	4時	・・・	24時
根元事象	ω_1	無	無	無	有	・・・	無
	ω_2	無	有	無	有	・・・	無
	ω_3	有	無	無	無	・・・	有

しかしながら、1時間に2通以上のメールを受け取る場合、この確率モデルは現実世界に適合しません。そこで、区間の幅を狭めて、1分ごとのメールの有無を根元事象とすれば、1分間の受信数が1通以下のユーザーについては、二項分布$\mathrm{Bn}(24 \times 60, p)$が適用できます。この場合、$p$は1分間にメールを受信する確率です。このようにして、二項分布$\mathrm{Bn}(n, p)$においてnの数をどんどん大きくしていくと、メール数の上限に関係なく適用できる確率モデルが得られます。ただし、nを大きくするのにあわせて、確率pは小さくしていく必要があります。そこで、二項分布(2-20)において、期待値npを一定値λに保つという条件の下に、$n \to \infty,\ p \to 0$の極限を取ると、その結果は(2-22)に一致することが示されます（下記「ポアソンの少数の法則」を参照）。つまり、発生確率が小さい現象について多数の標本を採集した際に、対象となる現象の発生数がポアソン分布に従うことになります。

ポアソンの少数の法則

本文で触れた、二項分布の極限がポアソン分布に一致するという事実は、「ポアソンの少数の法則」と呼ばれることもあります。これは、個々の現象が発生する確率が小さい、つまり、少数の標本にのみ発生する現象についてポアソン分布が当てはまるというニュアンスがあります。ここでは、この事実を厳密に計算で示しておきます。はじめに、二項分布(2-20)を次のように書き直します。ここでは、期待値を$np = \lambda$として、$p = \dfrac{\lambda}{n}$と書き換えています。

$$\begin{aligned}
p_X(x) &= \frac{n!}{x!(n-x)!}\left(\frac{\lambda}{n}\right)^x\left(1-\frac{\lambda}{n}\right)^{n-x} \\
&= \frac{n(n-1)\cdots\{n-(x-1)\}}{x!}\frac{\lambda^x}{n^x}\left(1-\frac{\lambda}{n}\right)^{n-x} \\
&= \frac{1}{x!}\frac{n}{n}\frac{n-1}{n}\cdots\frac{1-(x-1)}{n}\lambda^x\left(1-\frac{\lambda}{n}\right)^{n-x} \\
&= \frac{\lambda^x}{x!}\left\{\left(1-\frac{1}{n}\right)\cdots\left(1-\frac{x-1}{n}\right)\right\}\left(1-\frac{\lambda}{n}\right)^n\left(1-\frac{\lambda}{n}\right)^{-x}
\end{aligned} \tag{2-24}$$

ここで、$n \to \infty$ の極限を考えると、上式の各因子の極限は次のように計算されます。

$$\begin{aligned}
&\lim_{n\to\infty}\left\{\left(1-\frac{1}{n}\right)\cdots\left(1-\frac{x-1}{n}\right)\right\} = 1 \\
&\lim_{n\to\infty}\left(1-\frac{\lambda}{n}\right)^{-x} = 1 \\
&\lim_{n\to\infty}\left(1-\frac{\lambda}{n}\right)^{n} = e^{-\lambda}
\end{aligned} \tag{2-25}$$

(2-25) についてはもう少し説明が必要ですが、一旦、これらの関係を認めると、$n \to \infty$ の極限で (2-24) がポアソン分布 (2-22) に一致することがわかります。(2-25) については、次の手順で示すことができます。まず、ネイピア数の定義、

$$\lim_{n\to\infty}\left(1+\frac{1}{n}\right)^n = e$$

を用いて、次が成り立ちます。

$$\left(1-\frac{1}{n}\right)^{-n} = \left(\frac{n}{n-1}\right)^n = \left(1+\frac{1}{n-1}\right)^{n-1}\left(1+\frac{1}{n-1}\right) \to e \ (n\to\infty)$$

したがって、変数変換 $n' = \dfrac{n}{\lambda}$ を用いて、次の結果が得られます。

$$\left(1-\frac{\lambda}{n}\right)^n = \left(1-\frac{1}{n'}\right)^{n'\lambda} = \left\{\left(1-\frac{1}{n'}\right)^{-n'}\right\}^{-\lambda} \to e^{-\lambda} \ (n'\to\infty)$$

2-4 大数の法則

前節では、「1分間のWebサーバーへのアクセス数」などの現象は、ポアソン分布に従うことが経験的に知られていると説明しました。これを利用すると、「1分間のアクセス数が1万件を超える確率」などを計算することが可能になります。しかしながら、(2-22)の確率関数 $p_X(x)$ には未知のパラメーター λ が含まれているので、この値がわからなければ、具体的な確率値を知ることはできません。現実のWebサーバーに対して、対応する λ の値を知る方法はあるのでしょうか？

(2-23)に示したように、λ は期待値 $E(X)$ に一致します。したがって、一例として、これまでのアクセスデータから「1分間のアクセス数の平均値」を計算して、これを λ の値として採用する方法が考えられます。期待値というのは、すべての根元事象についての平均として得られるものなので、有限の観測データの平均値が厳密に期待値に一致することはありえませんが、データ数が十分に大きければ、その平均値は、期待値のよい近似になると期待できます。これが実際に成り立つことを示すのが大数の法則です。

ただし、これを数学的に厳密に示すには、いくつかの準備が必要となります。はじめに、確率変数 X の期待値 $E(X)$ と分散 $V(X)$ の間に成り立つチェビシェフの不等式を示します ▶定理14。これは、$E(X)$ と $V(X)$ が存在する場合、任意の $t > 0$ に対して、

$$A = \{x \in \mathrm{Im}\, X \mid |x - E(X)| \geq t\}$$

と置いて、

$$P_X(A) \leq \frac{V(X)}{t^2} \tag{2-26}$$

が成り立つというものです。つまり、X が期待値 $E(X)$ に対して t 以上離れた値を取る確率は、$\dfrac{V(X)}{t^2}$ 以下におさえられるということです。これは、分散 $V(X)$ の定義式を次のように変形することで得られます。

$$V(X) = \sum_{x \in \operatorname{Im} X} p_X(x)\{x - E(X)\}^2$$
$$\geq \sum_{x \in A} p_X(x)\{x - E(X)\}^2 \qquad (2\text{-}27)$$
$$\geq t^2 \sum_{x \in A} p_X(x) = t^2 P_X(A)$$

1つ目の不等号は、$A \subset \operatorname{Im} X$ であり、和に含まれる各項は負の値を取らないことから成り立ちます。2つ目の不等号は、$x \in A$ であれば、$\{x - E(X)\}^2 \geq t^2$ が成り立つことによります。最後の等号は、「1.4　確率変数と確率分布」の(1-28)により、

$$P_X(A) = \sum_{x \in A} P_X(\{x\}) = \sum_{x \in A} p_X(x)$$

となることから成り立ちます。(2-27)の両辺を $t^2 > 0$ で割ると(2-26)が得られます。

続いて、独立試行の考え方を説明します。今、n 個の観測データを取得してその平均値を計算するわけですが、まずは、これらのデータを取得する手続きを明確にしておく必要があります。ここでは、「n 個の観測データを順番に取得する」という作業を「同じ条件の確率空間のコピーを n 個用意して、それぞれから観測データを取得する」という操作に置き換えて考えます。たとえば、コインを投げて裏表を観測するとして、同じコインを n 回投げる代わりに、同一条件のコインを n 個用意して一斉に投げるものとします。そして、確率空間 (Ω, P) の n 個のコピーから得られた根元事象の組 $(\omega_1, \cdots, \omega_n)$ を1つの根元事象とするような、新たな確率空間 (Ω', P') を考えて、確率 P' を次式で定義します。

$$P'(\{(\omega_1, \cdots, \omega_n)\}) = P(\{\omega_1\}) \cdots P(\{\omega_n\})$$

このとき、(他のコインの結果は任意として) 1番目のコインの結果が ω_1 となる事象は、

$$A = \{(\omega_1, \omega_2, \cdots, \omega_n) \mid \omega_2, \cdots, \omega_n \in \Omega\}$$

と表わされて、この事象の確率は、次のように $P(\{\omega_1\})$ に一致します。

$$
\begin{aligned}
P'(A) &= \sum_{\omega_2\in\Omega}\cdots\sum_{\omega_n\in\Omega} P'(\{(\omega_1,\cdots,\omega_n)\}) = \sum_{\omega_2\in\Omega}\cdots\sum_{\omega_n\in\Omega} P(\{\omega_1\})\cdots P(\{\omega_n\}) \\
&= P(\{\omega_1\})\left\{\sum_{\omega_2\in\Omega} P(\{\omega_2\})\right\}\cdots\left\{\sum_{\omega_n\in\Omega} P(\{\omega_n\})\right\} = P(\{\omega_1\})
\end{aligned}
$$

他のコインについても同様の条件が成り立つので、これは、n個の観測データを順番に取得することと同等の条件になることがわかります。次に、もとの確率空間に対する確率変数Xがあるとして、こちらもまたn個のコピー$X_1,\cdots,X_n$を用意します。具体的には、i番目の結果に対するXの値を取り出す写像をX_iとします。

$$
\begin{aligned}
X_i : \Omega' &\longrightarrow \mathbf{R} \\
(\omega_1,\cdots,\omega_n) &\longmapsto X(\omega_i)
\end{aligned}
$$

このとき、任意の$i \neq j\ (i,\, j = 1,\cdots,n)$に対して$X_i$と$X_j$は独立になることが確認できます。たとえば、$X_1$と$X_2$に対して、それぞれ、$X_1 = x_1$、および、$X_2 = x_2$となる事象を次で定義します。

$$
\begin{aligned}
A_1 &= \{\omega_1 \in \Omega \mid X(\omega_1) = x_1\} \\
A_2 &= \{\omega_2 \in \Omega \mid X(\omega_2) = x_2\}
\end{aligned}
$$

ここで、$W = (X_1,\, X_2)$として、同時確率$p_W(x_1,\, x_2)$を考えると、先ほどと同様に、

$$
\begin{aligned}
\sum_{\omega_3\in\Omega}\cdots\sum_{\omega_n\in\Omega} P'(\{(\omega_1,\cdots,\omega_n)\}) &= \sum_{\omega_3\in\Omega}\cdots\sum_{\omega_n\in\Omega} P(\{\omega_1\})\cdots P(\{\omega_n\}) \\
&= P(\{\omega_1\})P(\{\omega_2\})
\end{aligned}
$$

が成り立つことを用いて、次の結果が得られます。

$$
\begin{aligned}
p_W(x_1,\, x_2) &= \sum_{\omega_1\in A_1}\sum_{\omega_2\in A_2}\sum_{\omega_3\in\Omega}\cdots\sum_{\omega_n\in\Omega} P'(\{(\omega_1,\cdots,\omega_n)\}) \\
&= \sum_{\omega_1\in A_1}\sum_{\omega_2\in A_2} P(\{\omega_1\})P(\{\omega_2\}) = p_{X_1}(x_1)p_{X_2}(x_2)
\end{aligned}
$$

これは、「1.5　主要な定理のまとめ」の定理7より、X_1とX_2が独立な確率変数であることを示しており、次のように、X_1が与えられたときのX_2の条件付き確率が実

際には X_1 に依存しないことがわかります（下記「条件付き確率関数の定義」も参照）。

$$p_{X_2}(x_2 \mid x_1) = \frac{p_W(x_1,\, x_2)}{p_{X_1}(x_1)} = p_{X_2}(x_2)$$

つまり、1つ目のコインの結果によって、2つ目のコインの確率が変化することはありません。このように、互いに独立な確率変数について、それぞれの値を観測する操作を独立試行と言います。現実のコインを繰り返し投げる場合、厳密なことを言うと、1回目の試行によってコインが変形するなどして、2回目の試行に影響を与えることはありえます。ここでは、このようなことは起こらないという暗黙の仮定が入っており、このような仮定を明示的に表現したものが、先に定義した新しい確率空間 $(\Omega',\, P')$ ということになります。一般に、このような手続きで用意した確率変数 $X_1, \cdots, X_n$ を「i.i.d.（Independent and identically distributed）である」と表現します。これは、同一の確率空間のコピーから得られた独立な確率変数という意味になります。同一の対象について観測を繰り返す場合であっても、以前の観測結果が次の観測に影響を与えず（Independent）、毎回、同一の条件で観測が行なわれる（Identical）と仮定できる場合は、理論上はi.i.d.として扱うことができます。

なお、独立試行を表わす確率変数 $X_1, \cdots, X_n$ においては、「2.1　確率変数の期待値と分散」の(2-13)より、任意の $i \neq j \; (i,\, j = 1, \cdots, n)$ に対して、

$$E(X_i X_j) = E(X_i)E(X_j)$$

が成り立ちます。

条件付き確率関数の定義

本文において、確率変数 X_1 が与えられたときの確率変数 X_2 の条件付き確率 $p_{X_2}(x_2 \mid x_1)$ を考えました。これは、p.42「確率分布・確率関数の記法」で説明した略記法を用いれば、$P(X_2 = x_2 \mid X_1 = x_1)$ と表わされるものです。一般に、このような関数を条件付き確率関数と言います。ここでは、念のために条件付き確率関数の正確な定義を与えておきます。今、確率空間 $(\Omega,\, P)$ に対する確率変数 $X_1,\, X_2$ があり、それぞれの確率関数を $p_{X_1}(x),\, p_{X_2}(x)$ とします。ここで、これらを組み合わせた確率変数 $W = (X_1,\, X_2)$ を用意して、W に対する確率関数を $p_W(x_1,\, x_2)$ とします。そして、$x_1 \in \mathrm{Im}\, X_1$ を1つ固定した際に、

$$p_{X_2}(x_2 \mid x_1) = \frac{p_W(x_1, x_2)}{p_{X_1}(x_1)} \tag{2-28}$$

と置いて、これを（X_1が与えられたときの）X_2の条件付き確率関数と呼びます。直感的に言うと、$X_1(\omega) = x_1$を満たす根元事象の集合内において、$X_2(\omega) = x_2$を満たす根元事象が観測される割合を表わします。また、p.49「1.6　演習問題」の問3では、事象Bを固定した際の条件付き確率$P'(A) = P(A \mid B)$は、確率としての性質を満たしており、新しい確率空間を定義すると説明しましたが、これと同様に、x_1を固定した場合、$p'_{X_2}(x_2) = p_{X_2}(x_2 \mid x_1)$は、これ自身で確率関数としての性質を満たします。たとえば、すべての値に対する確率の和が1になるという、次の条件が成り立ちます。

$$\sum_{x_2 \in \mathrm{Im}\, X_2} p'_{X_2}(x_2) = 1$$

なお、(2-28)の定義では、右辺の分母に$p_{X_1}(x_1)$が含まれるので、$p_{X_1}(x_1) = 0$となるx_1に対しては、$p_{X_2}(x_2 \mid x_1)$を考えることはできません。ただし、$p_{X_1}(x_1) = 0$ということは、そもそも$X_1(\omega) = x_1$となる根元事象が出現する確率は0、つまり、そのような値が観測されることはないため、実際の計算時にこの点が問題になることはありません。

以上の準備のもとに、次の形で大数の法則を示します。今、n個の互いに独立な確率変数$X_1, \cdots, X_n$があり、すべて同じ期待値と分散を持つものとします[※9]。

$$E(X_1) = \cdots = E(X_n) = \mu$$
$$V(X_1) = \cdots = V(X_n) = \sigma^2$$

先に説明した、独立試行を表わす確率変数$X_1, \cdots, X_n$はこの条件を満たしています。そして、これらの平均値を与える、新しい確率変数$\overline{X}_n$を次で定義します。

$$\overline{X}_n = \frac{1}{n}(X_1 + \cdots + X_n)$$

このとき、任意の$\epsilon > 0$を1つ固定すると、

※9　σはギリシャ文字・シグマの小文字。分散$V(X)$の値をσ^2で表わすのは、標準偏差$\sqrt{V(X)}$を文字σで表わすことに由来します。

$$A = \{x \in \mathrm{Im}\,\overline{X}_n \mid |x - \mu| < \epsilon\}$$

と置いて、次が成り立ちます[※10] ▶定理15。

$$\lim_{n \to \infty} P_{\overline{X}_n}(A) = 1 \tag{2-29}$$

なかなか回りくどい表現ですが、この背景には、「観測データの平均値」というものは、あくまで確率的に得られるものであり、仮に無限個のデータを観測したとしても、そこに含まれる値は毎回異なるという難しさがあります。特定の数列がある値に収束することを示す場合と違い、毎回変化するものに対して、それがある特定の値に収束することを示すには、どうしても確率の概念が必要になるのです。ここでは、十分に多くのデータを取得して平均値を計算すれば、その値と期待値 μ の差が ϵ 以下になる確率がいくらでも1に近づく（しかも、それがどれほど小さい ϵ についても成り立つ）という形で、平均値が期待値に一致するということを表現しています。ただし、これは逆に言うと、どれほど多くの観測データを取得したとしても、その個数が有限である限り、わずかな確率で、期待値から大きくはずれた平均値が得られる可能性は否定できないということです。

それでは、上記の意味での大数の法則を示していきます。まず、$X_1, \cdots, X_n$ が互いに独立な確率変数というのは、ここでは、任意の $i \neq j\ (i,\ j = 1, \cdots, n)$ に対して、

$$E(X_i X_j) = E(X_i)E(X_j) \tag{2-30}$$

が成り立つことを要請しています。独立試行を表わす確率変数 $X_1, \cdots, X_n$ は、この条件を満たしている点に注意してください。この関係を用いると、$\overline{X}_n$ の分散について、次が成り立ちます。

$$V(\overline{X}_n) = \frac{1}{n^2}\{V(X_1) + \cdots + V(X_n)\} = \frac{\sigma^2}{n^2} \tag{2-31}$$

実際、(2-7) を用いて $X_1 + \cdots + X_n$ の分散を計算すると、次が成り立ちます。

※10　ϵ はギリシャ文字・イプシロンの小文字。

$$\begin{aligned}
V(X_1+\cdots+X_n) &= E((X_1+\cdots+X_n)^2) - E(X_1+\cdots+X_n)^2 \\
&= E((X_1+\cdots+X_n)^2) - \{E(X_1)+\cdots+E(X_n)\}^2 \\
&= E\left(\sum_{i=1}^{n} X_i \cdot \sum_{j=1}^{n} X_j\right) - \sum_{i=1}^{n} E(X_i)\cdot\sum_{j=1}^{n} E(X_j) \\
&= \sum_{i=1}^{n}\sum_{j=1}^{n}\{E(X_iX_j) - E(X_i)E(X_j)\}
\end{aligned}$$

最後の和の中で、$i \neq j$の部分は、(2-30) より0になり、一方、$i = j$の部分は、分散$V(X_i)$に一致します。したがって、次の関係が成り立ちます。

$$V(X_1+\cdots+X_n) = V(X_1)+\cdots+V(X_n) \tag{2-32}$$

一方、「2.1　確率変数の期待値と分散」の (2-8) を用いると、次が成り立ちます。

$$V(\overline{X}_n) = V\left(\frac{1}{n}(X_1+\cdots+X_n)\right) = \frac{1}{n^2}V(X_1+\cdots+X_n)$$

これに (2-32) を代入すると、(2-31) が得られます。一方、$\overline{X}_n$の期待値については、期待値の線形性より、次が成り立ちます。

$$E(\overline{X}_n) = \frac{1}{n}\{E(X_1)+\cdots+E(X_n)\} = \mu \tag{2-33}$$

この結果を見ると、$\overline{X}_n$はnを増やした際に、期待値$E(\overline{X}_n)$をμに保ちながら、分散$V(\overline{X}_n)$は0に収束することがわかります。つまり、nが大きくなると、$\overline{X}_n$は、μに近い値を取る確率が高くなると期待することができます。実際、(2-31) (2-33) をチェビシェフの不等式 (2-26) に代入すると、$t = \epsilon$として、次が成り立ちます。

$$A = \{x \in \mathrm{Im}\,\overline{X}_n \mid |x-\mu| \geq \epsilon\}$$
$$P_{\overline{X}_n}(A) \leq \frac{\sigma^2}{n^2\epsilon^2}$$

ここで、Aの補集合$A^{\mathrm{C}} = (\mathrm{Im}\,\overline{X}_n) \setminus A$を考えると、次が成り立ちます。

$$A^{\mathrm{C}} = \{x \in \mathrm{Im}\,\overline{X}_n \mid |x - \mu| < \epsilon\}$$
$$P_{\overline{X}_n}(A^{\mathrm{C}}) = 1 - P_{\overline{X}_n}(A) \geq 1 - \frac{\sigma^2}{n^2\epsilon^2} \to 1\ (n \to \infty)$$

A^{C}をあらためてAと置いて、$P_{\overline{X}_n}(A) \leq 1$という条件を考慮すると、(2-29)が成り立つことがわかります。これで、大数の法則が示されました。

ここまでの説明からわかるように、大数の法則が成り立つための条件は、互いに独立な確率変数$X_1, \cdots, X_n$が、すべて同じ期待値μと分散σ^2を持つということだけです。本節では、ポアソン分布の場合を例として説明しましたが、大数の法則は、それぞれの確率変数が従う分布によらずに成り立つ点び注意してください。

最後にここで、「4.1　最尤推定法と不偏推定量」で取り扱うパラメトリック推定について、先に少しだけ触れておきます。一般に、確率空間から得られた確率変数の値を用いて何らかの計算を行なったものを統計量と言います。先ほどの例で言うと、$X_1, \cdots, X_n$の値から、その平均値を計算したものは統計量ということになります。そして、このような統計量を用いて、もとの確率空間（もしくは、確率分布）に含まれる未知のパラメーターの値を推測することをパラメトリック推定と言います。本節の冒頭の議論を思い出すと、確率変数Xがポアソン分布に従うという前提において、観測されたXの値の平均値をパラメーターλの推測値として用いることを考えていたのでした。これは、パラメトリック推定の一例となります。パラメトリック推定に用いる統計量のことを特に推定量ということもあります。

ただし、ほとんどの場合において、有限個の観測データから確率空間に含まれるパラメーターを厳密に特定することは不可能です。平均値を期待値の推定量とすることは、大数の法則によって正当化されると期待されますが、これもあくまで、期待値に近い値を取る確率が高いと言っているだけです。先に注意したように、わずかな確率であっても、期待値と大きく異なる値になる可能性は否定できません。したがって、パラメトリック推定を行なう場合は、自分が用いている推定量にどのような特徴があるのかを理解することが重要になります。統計学における推定理論では、推定量がパラメーターの値に厳密に一致しないことは前提として、どういう理屈でその推定量が導かれたのか、推定結果にはどのような傾向があるのか（実際の値よりも大きくなりやすいのか、あるいは、小さくなりやすいのかなど）といった点を議論することになります。

2-5 主要な定理のまとめ

定義6 離散型の確率変数の期待値・分散・標準偏差

Xを離散型の確率変数とするとき、次で計算される値を期待値$E(X)$、および、分散$V(X)$と呼ぶ。

$$E(X) = \sum_{x \in \mathrm{Im}\, X} x p_X(x)$$
$$V(X) = \sum_{x \in \mathrm{Im}\, X} \{x - E(X)\}^2 p_X(x)$$

ここに、$\mathrm{Im}\, X$はXの値域、すなわち、取りうる値の集合を表わす。また、分散の平方根$\sqrt{V(X)}$を標準偏差と呼ぶ。

定理8 期待値の線形性

Xを任意の確率変数、a, bを任意の実数として、

$$E(a + bX) = a + bE(X)$$

が成り立つ。また、X_1, X_2を任意の確率変数として、

$$E(X_1 + X_2) = E(X_1) + E(X_2)$$

が成り立つ。これらを組み合わせると、任意の実数a_0, a_1, a_2、および、確率変数X_1, X_2に対して、次の関係が成り立つ。

$$E(a_0 + a_1X_1 + a_2X_2) = a_0 + a_1E(X_1) + a_2E(X_2)$$

定理9 分散の性質

確率変数Xの分散$V(X)$と期待値$E(X)$の間に次の関係が成り立つ。

$$V(X) = E(X^2) - E(X)^2$$

また、a, bを任意の実数として、

$$V(a+bX)=b^2V(X)$$

が成り立つ。

定理10 複数の確率変数を組み合わせた期待値

X_1, X_2を離散型の確率変数とするとき、$W=(X_1, X_2)$の同時確率関数を$p_W(x_1, x_2)$として、次の関係が成り立つ。

$$E(X_1X_2)=\sum_{x_1\in\mathrm{Im}\,X_1}\sum_{x_2\in\mathrm{Im}\,X_2}x_1x_2p_W(x_1, x_2)$$

一般には、X_1とX_2を組み合わせた任意の関数を$X'(\omega)=f(X_1(\omega), X_2(\omega))$として、次が成り立つ。

$$E(X')=\sum_{x_1\in\mathrm{Im}\,X_1}\sum_{x_2\in\mathrm{Im}\,X_2}f(x_1, x_2)p_W(x_1, x_2)$$

定義7 2つの確率変数の共分散

確率変数X_1, X_2に対して、次で計算される値を共分散$\mathrm{Cov}(X_1, X_2)$と呼ぶ。

$$\mathrm{Cov}(X_1, X_2)=E((X_1-E(X_1))(X_2-E(X_2)))$$

また、一般に、

$$C_{ij}=E((X_i-E(X_i))(X_j-E(X_j)))$$

と置いて、C_{ij}を(i, j)成分とする2×2行列Cを分散共分散行列と呼ぶ。Cは、次のように分散と共分散を成分とする対称行列となる。

$$C=\begin{pmatrix} V(X_1) & \mathrm{Cov}(X_1, X_2) \\ \mathrm{Cov}(X_2, X_1) & V(X_2) \end{pmatrix}$$

定理11 共分散の性質

共分散 $\mathrm{Cov}(X_1, X_2)$ について、期待値、および、分散との間に次の関係が成り立つ。

$$\mathrm{Cov}(X_1, X_2) = E(X_1X_2) - E(X_1)E(X_2)$$
$$V(X_1 + X_2) = V(X_1) + V(X_2) + 2\mathrm{Cov}(X_1, X_2)$$

また、a_1, a_2, b_1, b_2 を任意の実数として、次が成り立つ。

$$\mathrm{Cov}(a_1 + b_1X_1, a_2 + b_2X_2) = b_1b_2\mathrm{Cov}(X_1, X_2)$$

定理12 独立な確率変数の性質

X_1, X_2 を独立な確率変数とするとき、次の関係が成り立つ。

$$E(X_1X_2) = E(X_1)E(X_2)$$
$$V(X_1 + X_2) = V(X_1) + V(X_2)$$
$$\mathrm{Cov}(X_1, X_2) = 0$$

定理13 確率変数の正規化

確率変数 X に対して、新しい確率変数 W を次式で定義する。

$$W = \frac{X - E(X)}{\sqrt{V(X)}}$$

このとき、$E(W) = 0, V(W) = 1$ が成り立つ。このように、上記の変換によって、確率変数を期待値0、分散1に調整することを確率変数の正規化と呼ぶ。

定義8 2つの確率変数の相関係数

確率変数 X_1, X_2 について、次で計算される値を相関係数 $\rho(X_1, X_2)$ と呼ぶ。

$$\rho(X_1, X_2) = \frac{\mathrm{Cov}(X_1, X_2)}{\sqrt{V(X_1)V(X_2)}}$$

これは、X_1 と X_2 のそれぞれを正規化した後に共分散を計算したものに等しく、

$$-1 \leq \rho(X_1, X_2) \leq 1$$

という関係を満たす。

定義9 離散一様分布

確率変数Xにおいて、取りうるすべての値$x \in \mathrm{Im}\,X$が同じ確率で出現する場合、これを離散一様分布と呼ぶ。一般に、$x = a, a+1, \cdots, b\,(b = a + N - 1)$の$N$通りの値を取る場合を考えると、確率関数は、

$$p_X(x) = \frac{1}{N}\ (x = a, \cdots, b)$$

で与えられる。また、期待値$E(X)$と分散$V(X)$は次で与えられる。

$$E(X) = \frac{a+b}{2}$$
$$V(X) = \frac{(b-a+1)^2 - 1}{12}$$

定義10 ベルヌーイ分布

確率変数Xの取りうる値が$x = 0, 1$の2種類に限られる場合、これをベルヌーイ分布と呼ぶ。$x = 1$の確率を$p_X(1) = p$とすると、$p_X(0) = 1 - p$となるが、これらをまとめて、

$$p_X(x) = p^x(1-p)^{1-x}$$

と表わすことができる。また、期待値$E(X)$と分散$V(X)$は次で与えられる。

$$E(X) = p$$
$$V(X) = p(1-p)$$

定義11 二項分布

nを任意の自然数として、確率変数Xの確率関数$p_X(x)$が次式で与えられるとき、これを二項分布と呼ぶ。

$$p_X(x) = {}_n\mathrm{C}_x p^x (1-p)^{n-x} \ (x = 0, \cdots, n)$$

期待値$E(X)$と分散$V(X)$は次で与えられる。

$$E(X) = np$$
$$V(X) = np(1-p)$$

定義12 ポアソン分布

任意の実数$\lambda > 0$に対して、確率変数Xの確率関数$p_X(x)$が次式で与えられるとき、これをポアソン分布と呼ぶ。

$$p_X(x) = \frac{e^{-\lambda}\lambda^x}{x!} \ (x = 0, 1, 2, \cdots)$$

ポアソン分布の期待値と分散は、どちらもλに一致する。

$$E(X) = \lambda,\ V(X) = \lambda$$

定理14 チェビシェフの不等式

確率変数Xについて、期待値$E(X)$と分散$V(X)$が存在するとき、任意の$t > 0$に対して、

$$A = \{x \in \mathrm{Im}\, X \mid |x - E(X)| \geq t\}$$

と置いて、

$$P_X(A) \leq \frac{V(X)}{t^2}$$

が成り立つ。

定理15 大数の法則

n 個の互いに独立な確率変数 $X_1, \cdots, X_n$ があり、同一の期待値と分散を持つものとする。

$$E(X_1) = \cdots = E(X_n) = \mu$$
$$V(X_1) = \cdots = V(X_n) = \sigma^2$$

また、確率変数 $\overline{X}_n$ を次式で定義する。

$$\overline{X}_n = \frac{1}{n}(X_1 + \cdots + X_n)$$

このとき、任意の $\epsilon > 0$ を 1 つ固定すると、

$$A = \{x \in \mathrm{Im}\,\overline{X}_n \mid |x - \mu| < \epsilon\}$$

と置いて、次が成立する。

$$\lim_{n\to\infty} P_{\overline{X}_n}(A) = 1$$

2-6 演習問題

問1　確率変数 $X_1,\ X_2$ について、それぞれの期待値と分散が存在するとき、次の確率変数 $Y_1,\ Y_2$ の分散を相関係数 $\rho(X_1,\ X_2)$ を用いて表わせ。

$$Y_1 = \frac{X_1 - E(X_1)}{\sqrt{V(X_1)}} + \frac{X_2 - E(X_2)}{\sqrt{V(X_2)}}$$
$$Y_2 = \frac{X_1 - E(X_1)}{\sqrt{V(X_1)}} - \frac{X_2 - E(X_2)}{\sqrt{V(X_2)}}$$

また、この結果を用いて、

$$-1 \leq \rho(X_1,\ X_2) \leq 1$$

が成り立つことを示せ。

問2　確率変数 X は離散一様分布に従っており、その確率関数 $p_X(x)$ は次式で与えられるものとする。

$$p_X(x) = \frac{1}{N}\ (x = a, \cdots, b)$$

ここに、$b = a + N - 1$ である。このとき、次の確率変数 X' の期待値と分散を N を用いて表わせ。

$$X' = X - a$$

また、この結果を用いて、X の期待値と分散が次で与えられることを示せ。

$$E(X) = \frac{a+b}{2}$$
$$V(X) = \frac{(b-a+1)^2 - 1}{12}$$

問3　確率変数Xはポアソン分布に従っており、その確率関数$p_X(x)$は次式で与えられるものとする。

$$p_X(x) = \frac{e^{-\lambda}\lambda^x}{x!} \ (x = 0, 1, 2, \cdots)$$

このとき、Xの期待値と分散を求めよ。この際、次に示す、指数関数のマクローリン展開を用いてもよい。

$$e^{\lambda} = \sum_{x=0}^{\infty} \frac{\lambda^x}{x!}$$

問4　確率変数Xには期待値が存在して、さらに、0でない分散を持つとする。このとき、a, bを任意の実数として、確率変数$Y = aX + b$を考えると、XとYの相関係数$\rho(X, Y)$について、

$$\rho(X, Y) = \pm 1$$

が成り立つことを示せ。

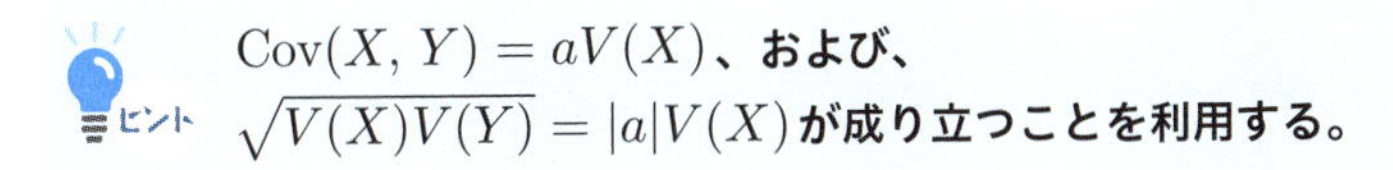

$\mathrm{Cov}(X, Y) = aV(X)$**、および、**
$\sqrt{V(X)V(Y)} = |a|V(X)$**が成り立つことを利用する。**

問5　ある広告をWeb画面に表示すると、ユーザーは5%の確率でクリックするものとする。少なくとも20人のユーザーがクリックする確率を90%以上にするには、最低何人のユーザーに広告を表示する必要があるか求めよ（最終的な数値計算は、コンピュータープログラム等を用いてかまわない）。

n人に表示した場合のクリック数は、$p=0.05$の二項分布$\mathrm{Bn}(p,\,n)$に従う。

問6　ボイスメッセージを指定件数まで保存できるサービスを利用しており、1週間あたり平均3件のメッセージが保存される。保存メッセージがない状態から、1週間以内に保存件数が上限を超えてあふれる確率を10%未満にするには、最大保存件数を何件に設定する必要があるか求めよ（最終的な数値計算は、コンピュータープログラム等を用いてかまわない）。

1週間あたりのメッセージ保存件数は、期待値3のポアソン分布に従う。

連続型の確率分布

前章までは、離散的確率空間を前提として、確率計算の基礎、そして、確率変数の考え方を説明してきました。これは、標本空間に含まれる根元事象がたかだか可算無限個であり、確率変数は、たかだか可算無限個の離散的な値（$x = 0, 1, 2, \cdots$ など）を取るというものです。一方、現実世界で観測される現象には、実数値全体など、連続的な値を取るものもあります。このような現象を確率変数で表わすには、標本空間が非可算無限集合となる、連続的確率空間が必要となります。本章では、このような連続的確率空間、および、連続型の確率変数を取り扱います。

3-1 連続的確率空間

「1.2　根元事象と確率の割り当て」で離散的確率空間(Ω, P)を導入した際、標本空間Ωというのは、「確率的に発生する事柄を集めた集合」と説明しました。これが、「ある地域に生息する鼻行類の個体」などであれば、その要素、すなわち、根元事象の数は有限となります。それではこれが、「ある植物の個体から次に取れる果実」だとすると、どうでしょうか？　この場合、実際に取れる果実は1つしかありませんが、その果実の重さや大きさ（体積）にはさまざまな可能性があります。仮に、この果実を「重さ」と「大きさ」で特徴付けるとすれば、図3.1のように、2つの正の実数を組み合わせた平面として、標本空間が表わされることになります。

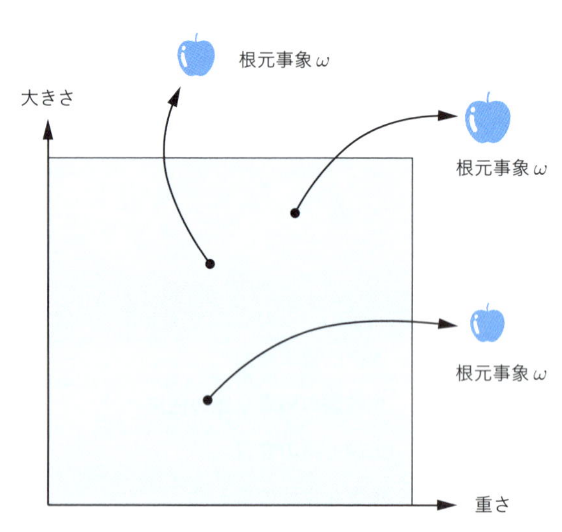

図3.1　連続的確率空間における標本空間

そして、この平面上の1点が実際に取れる果実の1つを表わすと考えた場合、平面上の領域によって、そのような果実が出現する確率に違いがあることは自然に理解されます。しかしながら、この場合、ある1点をωとして、ωに対する確率$P(\omega)$を割り当てることはできません。やや直感的に説明すると、「次に取れる果実の重さは2.894である」と予測したとして、これが現実に得られる果実の重さと寸分の違いもなく一致することはありえません[※1]。実数のように、連続的に変化する値に有限の確率を割り当てることはできないのです。あるいは、数学的に言うならば、非可算無限個の要素に有限の確率値を割り当てた場合、それらの合計は必ず無限大に発散してしまいます。つまり、すべての根元事象に対する確率の合計が1になるという、確率の基本条件を満たすことができません[※2]。

このような困難を乗り越えるために考え出されたアイデアが、連続的確率空間です。非可算無限個の要素を持つ標本空間に対して、その部分集合を用意して、それらに対して有限の確率値を割り当てます。このとき、確率を割り当てる部分集合の集まりを$\mathcal{B}$として、次の条件を要請します[※3]。

B1. $\Omega \in \mathcal{B}$

B2. $A \in \mathcal{B} \ \Rightarrow \ A^{\mathrm{C}} \in \mathcal{B}$

B3. $A_1,\, A_2, \cdots \in \mathcal{B} \ \Rightarrow \ \displaystyle\bigcup_{i=1}^{\infty} A_i \in \mathcal{B}$

少しばかり抽象的な表現が出てきましたが、ポイントは、Ωのすべての部分集合に確率の値を割り当てる必要はないということです。離散的確率空間では、個々の要素ωに確率$P(\{\omega\})$が決まっていることから、任意の部分集合$A \subset \Omega$に対して、その確率$P(A)$が自然に決まりました。一方、今の場合は、どの部分集合に確率を割り当てるかは自由なのです。「1.1　確率モデルの考え方」で説明したように、確率モデルというのは、現実世界の不確定性を持つ現象をコンピューターの乱数によるシミュレーションで再現することが目的です。したがって、確率空間をどのように「設計」するかは、確率モデルを使用する目的に応じた自由度があるのです。ここでは、確率モデルに

※1　重さや大きさの単位は議論の本質ではないので、ここでは単位は明示していません。

※2　可算無限個の要素に対してのみ有限の確率値を割り当てればよいと思うかもしれませんが、その場合、確率値が0の要素は実際には発生しない（存在しない）ので無視することができて、はじめから離散的確率空間を用いたのと同じことになります。

※3　$\mathcal{B}$は、アルファベットBの筆記体。

よって再現（もしくは、予測）したい内容に応じて、特定の部分集合にのみ確率の値を割り当てるものと考えてください。

ただし、確率を割り当てる部分集合をデタラメに選んでも、意味のある確率モデルにはなりません。上記のB1〜B3は、このような部分集合の集まり$\mathcal{B}$が、最低限、満たすべき性質を示しています。一般に、全事象Ωに対する確率は$P(\Omega)=1$と決まるべきなので、B1が要請されます。また、Aの確率$P(A)$が定まれば、その補集合A^{C}の確率は、$P(A^{\mathrm{C}})=1-P(A)$と定まるべきなので、B2が要請されます。最後のB3は、確率の定まった複数の部分集合について、その和集合についても確率が与えられるべきであると要請しています。特に、$A_1, A_2, \cdots \in \mathcal{B}$が$A_i \cap A_j = \phi\,(i \neq j)$を満たしていれば、

$$P(\bigcup_{i=1}^{\infty} A_i) = \sum_{i=1}^{\infty} P(A_i)$$

が成り立つべきです。そこで、$\mathcal{B}$に含まれる部分集合に割り当てられた確率Pについても、次の性質が成り立つことを要請します。

P1. 任意の $A \in \mathcal{B}$ に対して、$P(A) \geq 0$

P2. $P(\Omega) = 1$

P3. $A_1, A_2, \cdots \in \mathcal{B}$ が $A_i \cap A_j = \phi\,(i \neq j)$ を満たすとき、次が成り立つ。

$$P(\bigcup_{i=1}^{\infty} A_i) = \sum_{i=1}^{\infty} P(A_i)$$

P3の条件は、無限個の部分集合の集まり$A_1, A_2, \cdots$を前提としていますが、この後で示すように有限個の集まり$A_1, \cdots, A_n$に対しても成り立ちます。一般に、標本空間Ωに対して、その部分集合の集まり$\mathcal{B}$、および、$\mathcal{B}$の各要素に対する確率Pが与えられており、上記の条件（$\mathcal{B}$に対するB1〜B3の条件、および、Pに対するP1〜P3の条件）を満たすとき、これらの組$(\Omega, \mathcal{B}, P)$を確率空間と言います▶定義13。

ここでは、Ωが非可算無限集合である場合を考えていますが、実は、離散的確率空間もこれらの条件を満たします[※4]。したがって、これは、離散的な場合と連続的な場合を

※4 離散的確率空間の場合、$\mathcal{B}$は、Ωのあらゆる部分集合を集めたものになります。

含めた一般的な確率空間の定義と考えることもできます。ただし、本書では、混乱を避けるために、離散的な場合と連続的な場合は明確に区別して取り扱います。非可算無限個の要素を持つ標本空間であることを明示する際は、$(\Omega, \mathcal{B}, P)$を連続的確率空間と呼びます。

それでは、ここで、上記の条件をあらためて見直してみましょう。たとえば、Pに対するP1〜P3の条件の中には、先に触れた$P(A^{\mathrm{C}}) = 1 - P(A)$という要請が含まれていません。しかしながら、これは、P3の条件（有限個の場合）から導くことができます。任意の$A \in \mathcal{B}$に対して、$A \cup A^{\mathrm{C}} = \Omega$かつ$A \cap A^{\mathrm{C}} = \phi$が成り立つので、$A_1 = A,\ A_2 = A^{\mathrm{C}}$として、P3を適用すると、P2の条件とあわせて、次が成り立ちます。

$$1 = P(\Omega) = P(A \cup A^{\mathrm{C}}) = P(A) + P(A^{\mathrm{C}})$$

これより、確かに$P(A^{\mathrm{C}}) = 1 - P(A)$が成り立ちます。これと同様に、先に示した一連の条件を用いると、一般に、次のような事実を示すことができます▶定理16。まず、$\mathcal{B}$に対する要請B1とB2より、$\phi = \Omega^{\mathrm{C}} \in \mathcal{B}$であり、$A_1 = \Omega,\ A_2 = A_3 = \cdots = \phi$の場合を考えると、$P$に対する要請P3より、

$$P(\Omega) = P(\Omega) + P(\phi) + P(\phi) + \cdots$$

となるので、これより、$P(\phi) = 0$が得られます。したがって、Pに対する要請P3において、$A_{n+1} = A_{n+2} = \cdots = \phi$とすれば、有限個の集まり$A_1, \cdots, A_n$に対してもP3は適用可能となり、先に$P(A^{\mathrm{C}}) = 1 - P(A)$を示した議論が正当化されます。

同様に、$\mathcal{B}$に対する要請B3についても、$A_{n+1} = A_{n+1} = \cdots = \phi$とすれば、有限個の集まり$A_1, \cdots, A_n$に対してもB3が成り立つことになります。さらにまた、集合に関するド・モルガンの法則$(A \cap B)^{\mathrm{C}} = A^{\mathrm{C}} \cup B^{\mathrm{C}}$より、$A \cap B = (A^{\mathrm{C}} \cup B^{\mathrm{C}})^{\mathrm{C}}$が成り立つことから、2つの集合の積集合（共通部分）は、和集合と補集合の組み合わせで得ることができます。したがって、B2とB3（有限個の場合）の要請から、$A,\ B \in \mathcal{B}$であれば、$A \cap B \in \mathcal{B}$であることが言えます。ド・モルガンの法則は無限個の集合についても成り立つので、一般に、

$$A_1,\ A_2, \cdots \in \mathcal{B} \ \Rightarrow \ \bigcap_{i=1}^{\infty} A_i \in \mathcal{B} \tag{3-1}$$

が成立します。

次に、集合の包含関係は確率の大小関係に対応することが言えます。つまり、A_1, $A_2 \in \mathcal{B}$ が $A_1 \subset A_2$ を満たすとすると、図3.2より、$A_2 = (A_1^{\mathrm{C}} \cap A_2) \cup A_1$、かつ、$(A_1^{\mathrm{C}} \cap A_2) \cap A_1 = \phi$ となることから、P3（有限個の場合）より、

$$P(A_2) = P(A_1) + P(A_1^{\mathrm{C}} \cap A_2)$$

であり、P1を考慮すると、結局、次の関係が成り立ちます。

$$A_1 \subset A_2 \ \Rightarrow \ P(A_1) \leq P(A_2) \tag{3-2}$$

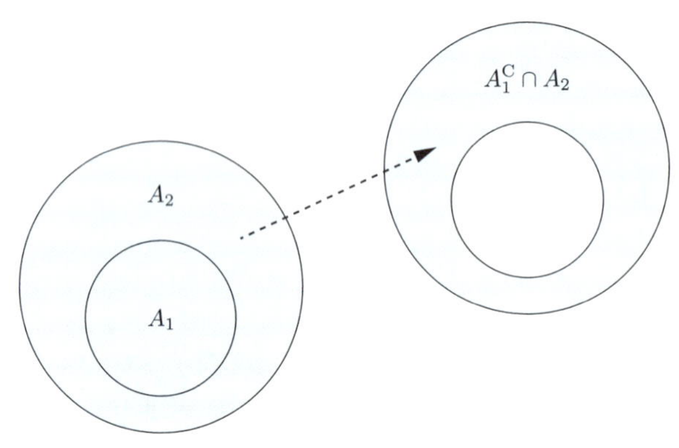

図3.2　$A_2 \supset A_1$ を $A_1^{\mathrm{C}} \cap A_2$ と A_1 に分割する様子

また、任意の $A \in \mathcal{B}$ について、$A \subset \Omega$ であることから、これより、$P(A) \leq P(\Omega) = 1$ が成り立ちます。

この他には、集合計算の技巧を少しばかり利用すると、次のような関係を示すこともできます[※5]。まず、任意の $A_1, A_2 \in \mathcal{B}$ に対して、次が成り立ちます。

$$P(A_1 \cup A_2) = P(A_1) + P(A_2) - P(A_1 \cap A_2) \tag{3-3}$$

また、$A_1, A_2, \cdots \in \mathcal{B}$ に対して、

※5　これらの証明については、p.145「3.5　演習問題」問1を参照。

$$P(\bigcup_{i=1}^{\infty} A_i) \leq \sum_{i=1}^{\infty} P(A_i)$$

が成り立ちます。有限個の集合の集まり $A_1, \cdots, A_n$ についても同様です。ここまで、やや回りくどい議論が続きましたが、これらはすべて、B1〜B3、および、P1〜P3の性質だけを出発点としている点に注意してください（下記「公理論的確率論について」も参照）。なお、ここまでの議論では、B3、P3などの関係について、$A_1, A_2, \cdots$が無限個の場合と有限個の場合をきちんと区別して記述してきましたが、これ以降は、有限個の場合を含めて、B3、P3と呼ぶことにします。

公理論的確率論について

本文で示した確率に関する性質の一部は、よく見返すと、「1.2　根元事象と確率の割り当て」で、離散的確率空間について示したものと同じであることに気がつきます。本文における議論は、すべて、B1〜B3、および、P1〜P3の性質だけを用いて行なっており、離散的確率空間もこれらの性質を満たすことから、これは自然な帰結と言えます。実際には、離散的確率空間を含めて、確率に関する定理や公式は、すべて、B1〜B3、および、P1〜P3の性質だけから示すことが可能であり、これを公理論的確率論と呼びます。

これは、ベクトル空間の公理論的な取り扱いと同じ考え方です。ベクトル空間を定義する際に、その具体的な実体を前提とせずに、最低限の性質（公理）を要請して議論することにより、そこから得られた結論は、さまざまな種類の「ベクトル」に適用することができました。確率論の場合は、実用上、さまざまな確率空間を独自に設計して利用することになります。この際、自分が定義した確率空間が、B1〜B3、および、P1〜P3の性質を満たすことさえ確認しておけば、本書で示す、すべての定理や公式が利用できるようになるというわけです。

ちなみに、離散的確率空間について、「1.2　根元事象と確率の割り当て」の最後の部分で、任意の $i \neq j\,(i,\, j = 1, 2, \cdots)$ に対して、$A_i \cap A_j = \phi$ であれば、

$$P(\bigcup_{i=1}^{\infty} A_i) = \sum_{i=1}^{\infty} P(A_i)$$

という関係が成り立つことを解析学の議論を用いて厳密に示しました。これは、今の議論で言えば、ちょうどP3にあたります。つまり、公理論的確率論では、P1〜P3は前提として与えられるものですが、個別の確率空間を考える場合は、まさに、これらが満たされることを事前に確認する必要があるというわけです。——という話をすると、この後に登場す

る連続的確率空間で、本当にこれらの性質が満たされているかが気になるかもしれません。実は、個別の連続的確率空間について、確率空間の公理を満たすことを厳密に示すには、数学における「測度論」の議論が必要となります。本書では、そこまでの議論には踏み込まず、あくまで、確率空間の公理を満たすものだけを議論の対象にするという素朴な立場を取ります。

続いて、条件付き確率と事象の独立性について議論しますが、この部分は、離散的確率空間と基本的には変わりありません。「1.2 根元事象と確率の割り当て」では、図1.4（p.10）のように、根元事象に対する確率を面積にたとえて説明しました。今の場合、根元事象は、もともと、図3.1のような平面上に連続に広がっているので、図3.3のように、任意の領域（部分集合）Aについて、その部分の面積が確率$P(A)$に対応するように平面全体を変形してみます。こうすれば、離散的確率空間の場合と同様の直感的な理解ができるでしょう。実際、P3の性質や(3-2) (3-3)などの関係は、$P(A)$が領域Aの面積を表わすと考えると、すべて自然に成り立ちます。

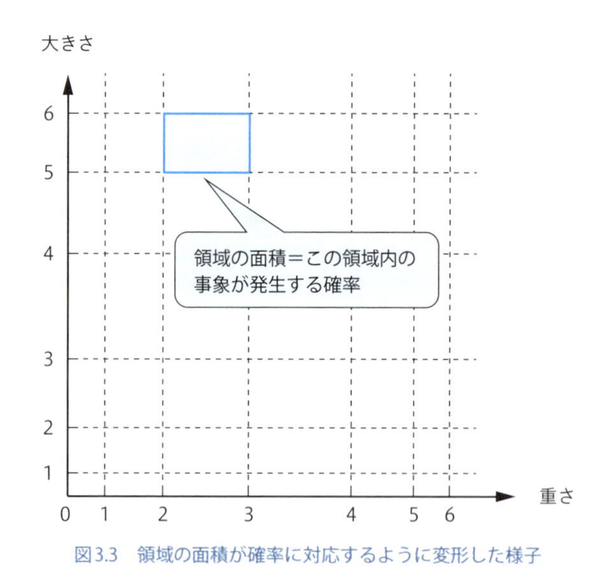

図3.3 領域の面積が確率に対応するように変形した様子

もちろん、これは直感的な理解にすぎないので、厳密には、B1～B3、および、P1～P3の性質にもとづいて示していく必要があります。ここでは、条件付き確率の定義とそれに関連する公式をあらためて整理しておきます。

まずは用語の確認ですが、確率空間$(\Omega, \mathcal{B}, P)$において、$\mathcal{B}$に含まれる任意の集合$A \subset \Omega$を事象と呼びます。冒頭の果実の例であれば、1つの事象は、「重さが2.0以上3.3未満、大きさが1.2以上4.8未満」など、複数の根元事象を含む領域を表わします。先にも強調しましたが、この確率空間における根元事象$\omega \in \Omega$は、「重さがぴったり2.25で、大きさがぴったり3.80」といった特定の現象を表わします。しかしながら、このような予測に対して、それと厳密に一致する現象が発生することはありえないので、ωそのものの確率を考えることはできません。あえて確率を定義するならば、$P(\{\omega\}) = 0$となります。先に条件付き確率や独立性を議論した際に、根元事象を前提とせずに、一般の事象（根元事象の集合）を用いたのはこれが理由になります。

この理解のもとに話を整理すると、まず、事象$A, B \in \mathcal{B}$において、$P(B) > 0$が成り立つとき、

$$P(A \mid B) = \frac{P(A \cap B)}{P(B)}$$

をBが与えられたときのAの条件付き確率と言います。これが表わす意味内容は、離散的確率空間の場合と同じで、Bの条件を満たす事象ばかりを集めた際に、その中にAの条件を満たす事象が含まれる割合となります。また、上式の分母を払うと、

$$P(A \cap B) = P(A \mid B)P(B) \tag{3-4}$$

が成り立ちます。一般に、事象$B_1, \cdots, B_n \in \mathcal{B}$に対して、$P(B_1 \cap \cdots \cap B_n) > 0$であれば、$P(A \mid B_1 \cap \cdots \cap B_m)$を$P(A \mid B_1, \cdots, B_m)$と略記して、

$$P(B_1 \cap \cdots \cap B_n) = P(B_1 \mid B_2, \cdots, B_n)P(B_2 \mid B_3, \cdots, B_n) \cdots P(B_n)$$

が成り立ちます。証明については、「1.6　演習問題」問4（p.49）の内容がそのまま適用できます。

次に、事象$B_1, \cdots, B_n \in \mathcal{B}$は、互いに重なりがなく、かつ、標本空間$\Omega$全体を覆うものとします。より正確に表現すると、

- 任意の$i, j = 1, \cdots, n$について、$i \neq j$であれば$B_i \cap B_j = \phi$
- $B_1 \cup \cdots \cup B_n = \Omega$

- 任意の $i = 1, \cdots, n$ について $P(B_i) > 0$

という条件を満たすものとします。このとき、任意の事象 $A \in \mathcal{B}$ について、次が成り立ちます。

$$P(A) = \sum_{i=1}^{n} P(A \cap B_i) = \sum_{i=1}^{n} P(A \mid B_i)P(B_i) \tag{3-5}$$

ここで、事象の集合 $\{B_1, B_2, \cdots\}$ が可算無限個の要素を持つ場合は、上記の和を無限級数と考えて、同じ関係が成り立ちます。これもまた、「1.3　条件付き確率と独立事象」の (1-16) を示した際の議論がそのまま適用可能です。

次に、(3-4) で A と B の役割を入れ替えたものを考えて、これらを等置することで、ベイズの定理が得られます。

$$P(B \mid A) = \frac{P(A \mid B)P(B)}{P(A)}$$

分母を (3-5) で置き換えた、次の形が利用できる点も離散的確率空間の場合と同じです。

$$P(B \mid A) = \frac{P(A \mid B)P(B)}{\displaystyle\sum_{i=1}^{n} P(A \mid B_i)P(B_i)}$$

最後に、2つの事象 $A, B \in \mathcal{B}$ について、次の関係が成り立つとき、これらの事象は独立であると言います。

$$P(A \cap B) = P(A)P(B)$$

$P(A) > 0, P(B) > 0$ とするとき、A と B が独立であることは、(3-4)（および、A と B を入れ替えた関係）より、次のそれぞれと同値になります。この点もまた、離散的確率空間の場合と同じです。

$$P(A \mid B) = P(A)$$
$$P(B \mid A) = P(B)$$

ここまで、連続的確率空間$(\Omega,\ \mathcal{B},\ P)$の基本的な性質を説明しました。根元事象そのものではなく、複数の根元事象を含む「事象」を用いて議論する点を除けば、離散的確率空間と大きな違いはありませんでした。

しかしながら、次節で確率変数を議論する際は、少しばかり様子が異なります。離散型の場合、確率変数Xの取りうる値$\mathrm{Im}\,X$も離散的であり、個々の値に対する確率$P_X(\{x\})$、すなわち、確率関数$p_X(x)$を用いてさまざまな計算が行なわれました。一方、連続的確率空間では、確率変数の取りうる値も一般に連続的になるので、個々の値に対する確率を考えることはできなくなります。そのため、確率関数$p_X(x)$を用いた議論ができず、その代替となる確率密度関数$f(x)$を利用する必要があります。その結果、離散的な値に対する和を連続的な値に対する積分に置き換えることで、離散的確率空間と同様の公式が成り立つことになります。

3-2 連続型の確率変数の性質

確率変数の考え方そのものは、連続的確率空間でも変わりはありません。標本空間Ωの個々の要素、すなわち、根元事象ωに実数値を割り当てる写像Xが確率変数です▶定義14。

$$
\begin{aligned}
X:\Omega &\longrightarrow \mathbf{R} \\
\omega &\longmapsto X(\omega)
\end{aligned}
$$

一般には、n個の実数の組$\mathbf{R}^n$への写像でもかまいませんが、まずは、実数値を取る場合を中心に議論を進めます。離散的確率空間との違いは、Xが連続的な値を取りうるという点です。先ほどの果実の例で言えば、「次に取れた果実の重さ」を確率変数Xとして定義すると、Xは任意の正の実数を取りえます。したがって、実数$\mathbf{R}$の部分集合をAとして、Xの値がAに含まれる確率$P_X(A)$が次で定義されます。

$$
\begin{aligned}
&P_X(A) = P(\Omega_A) \\
&\Omega_A = \{\omega \in \Omega \mid X(\omega) \in A\}
\end{aligned}
\tag{3-6}
$$

上記のΩ_Aは、$X(\omega) \in A$となるωを集めた集合ですが、Aの例としては、次のような実数上の区間を考えるとわかりやすいでしょう。

$$
A = \{x \in \mathbf{R} \mid 1.0 < x \leq 2.0\} \tag{3-7}
$$

この場合、$P_X(A)$は、「次に取れる果実の重さが1.0〜2.0の範囲に入っている確率」を表わすことになります[※6]。上の定義では、$X(\omega)$がAに含まれる根元事象ωの集合をΩ_Aとして、実際に現われた根元事象がΩ_Aに含まれている確率$P(\Omega_A)$を計算しています。

ただし、$P(\Omega_A)$が計算できるためには、$\Omega_A \in \mathcal{B}$である必要があります。仮に、$\Omega_A \notin \mathcal{B}$の場合、そのような$A$に対する確率$P_X(A)$は計算できません。これは、もともとの確率空間の設計が不十分で、$\mathcal{B}$が十分に多くの集合を含んでいない場合の他に、Aとして数学的な意味で非常に特殊な（病理的な）集合を選択した場合にも起こりえま

※6　厳密に言うと、$x = 1.0$の場合はAに含まれませんが、これまでに説明したように、そもそも、「xが厳密に1.0に一致する確率」は0なので、$x = 1.0$を含めても含めなくても、確率$P_X(A)$の値は変わりません。

す。いずれにしろ、このような場合、この確率モデルでは「Aが観測される確率はわからない」ということになります。

とはいえ、(3-7)のような単純な区間に対する確率が計算できないのは困るので、ここでは、少なくとも、任意の定数$x_0 \in \mathbf{R}$に対して、次のような半区間、

$$A_{x_0} = \{x \in \mathbf{R} \mid x \leq x_0\}$$

に対する確率$P_X(A_{x_0})$は必ず計算できるものと仮定します※7。これが計算できれば、任意の区間、

$$A_{ab} = \{x \in \mathbf{R} \mid a < x \leq b\}$$

に対する確率は、次で計算できます。

$$P_X(A_{ab}) = P_X(A_b) - P_X(A_a) \tag{3-8}$$

この関係が成り立つことは、直感的にも明らかですが、次のように厳密に示すこともできます。まず、Xの値の区間A_a, A_b, A_{ab}のそれぞれに対応する事象を次のように定義します。

$$\Omega_a = \{\omega \in \Omega \mid X(\omega) \leq a\}$$
$$\Omega_b = \{\omega \in \Omega \mid X(\omega) \leq b\}$$
$$\Omega_{ab} = \{\omega \in \Omega \mid a < X(\omega) \leq b\}$$

今、$P_X(A_a), P_X(A_b)$が計算できるという前提により、$\Omega_a, \Omega_b \in \mathcal{B}$が成り立ちます。また、$\Omega_{ab} = \Omega_a^{\mathrm{C}} \cap \Omega_b$と書けることから、B2および(3-1)により、$\Omega_{ab} \in \mathcal{B}$となります。さらに、$\Omega_{ab} \cup \Omega_a = \Omega_b$、および、$\Omega_{ab} \cap \Omega_a = \phi$が成り立つことから、P3を用いて、

$$P(\Omega_{ab}) + P(\Omega_a) = P(\Omega_b)$$

が成り立ちます。最後に(3-6)の定義に戻ると、これは、

※7 $X(\omega) \in A_{x_0}$を満たすωが存在しない場合は、(3-6)の定義より、$P_X(A_{x_0}) = P(\phi) = 0$となります。

$$P_X(A_{ab}) + P_X(A_a) = P_X(A_b)$$

と同値であり、これより(3-8)が得られます。

ここで、(3-8)の関係式をよりわかりやすく書き直すことを考えます。まず、$P_X(A_a)$の端点aを変数xに置き換えて、$P_X(A_x)$をxの関数とみなしたものを確率変数Xの**累積分布関数**と言い、次の記号で表わします▶定義15。

$$F_X(x) = P_X(A_x)$$

$F_X(x)$は、Xの観測値がx以下である確率なので、$x \to -\infty$の極限で0になり、逆に$x \to \infty$の極限で1になるはずです。

$$\lim_{x \to -\infty} F_X(x) = 0$$
$$\lim_{x \to \infty} F_X(x) = 1$$

一般には、図3.4のように、0から1に向かって単調に増加する関数となります。そして、(3-8)は、$F_X(x)$を用いると次のように書き直すことができます▶定理17。

$$P_X(A_{ab}) = F_X(b) - F_X(a) \qquad \text{(3-9)}$$

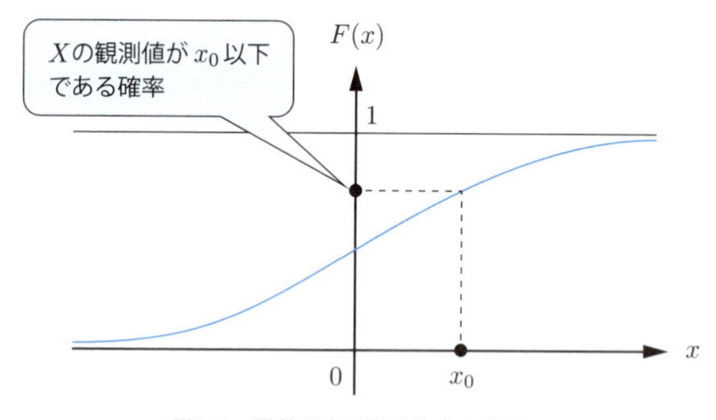

図3.4　累積分布関数$F(x)$のグラフ

$F_X(x)$はすべての$x \in \mathbf{R}$において微分可能とは限りませんが、仮に、実数全体で導関数$f(x)$が存在して、任意の$x \in \mathbf{R}$に対して、

$$f(x) = F'_X(x)$$

が成り立つとすると、この両辺を区間$[a, b]$で定積分して、

$$\int_a^b f(x)\,dx = F_X(b) - F_X(a) \tag{3-10}$$

という関係が得られます。これを用いると、(3-9)より、

$$P_X(A_{ab}) = \int_a^b f(x)\,dx \tag{3-11}$$

という関係が成り立ちます。

(3-11)の右辺にある定積分は、関数$f(x)$の区間$[a, b]$におけるグラフの面積を表わすものでした。したがって、この関係は、図3.5のように解釈することができます。この図は、「2.3　主要な離散型確率分布」の図2.8（p.75）などに示した確率関数$p_X(x)$のグラフに類似していることがわかります。離散的確率空間では、確率変数がある特定の値xを取る確率は、確率関数$p_X(x)$によって表わされました。一方、今の場合、特定の値xを取る確率が存在しない代わりに、区間$[a, b]$に含まれる確率が$f(x)$の面積として計算されます。言い換えると、$f(x)$の値が大きい部分は、「その付近の値を取る確率」が大きいものと考えられます。ただし、$f(x)$の値そのものが確率ではない点には注意してください。あくまで、$f(x)$の積分（グラフの面積）が確率になるので、$f(x)$の値そのものは1より大きくなることもありえます[※8]。$f(x)$が満たす条件は、任意の$x \in \mathbf{R}$に対して$f(x) \geq 0$であることと、この後で示すように、実数全体で積分した際にその値が1になることです。

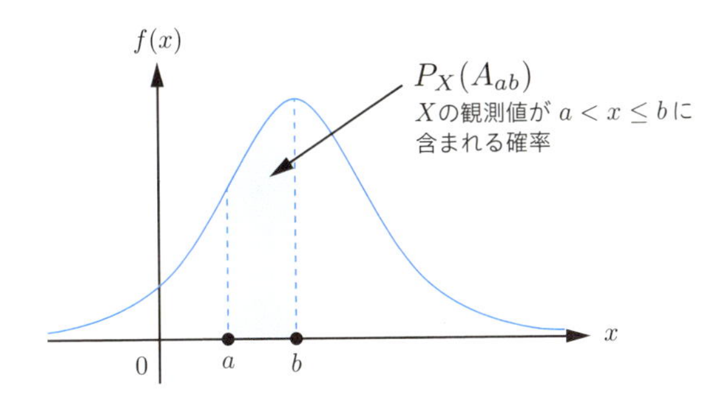

図3.5　確率密度関数$f(x)$のグラフ

※8　p.120の図3.8を参照。

ここまでの議論では、累積分布関数 $F_X(x)$ が微分可能であると仮定して、その導関数として $f(x)$ を導入しました。実は、累積分布関数が微分可能でなくとも、(3-10)を満たす $f(x)$ が存在することはありえます。そこで、$F_X(x)$ の微分可能性とは関係なく、とにかく、任意の区間 $[a, b]$ に対して、(3-10)を満たす $f(x)$ がある場合、これを X の**確率密度関数**と呼びます ▶定義16。たとえば、$F_X(x)$ が次で与えられる場合を考えます。

$$F_X(x) = \begin{cases} 0 & (x \leq 0) \\ x & (0 < x \leq 1) \\ 1 & (x > 1) \end{cases}$$

図3.6の上側のグラフに示すように、この関数は $x = 0$ と $x = 1$ における微分係数が存在せず、実数全体で定義された導関数を考えることができません。しかしながら、図3.6の下側に示すように、関数 $f(x)$ を次のように定義すると、少なくとも(3-10)の関係は成り立ちます。

$$f(x) = \begin{cases} 1 & (0 < x \leq 1) \\ 0 & (\text{その他の場合}) \end{cases}$$

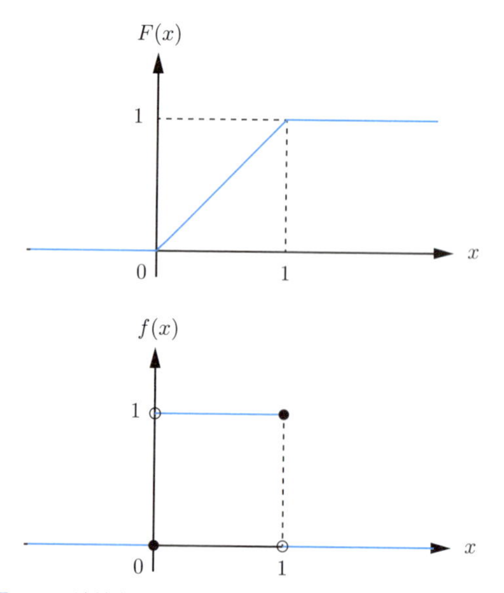

図3.6　不連続点を持つ確率密度関数に対応する累積分布関数

この図からわかるように、$f(x)$が不連続に変化する点において、$F(x)$は微分係数が存在しないことになります。逆に言うと、確率密度関数$f(x)$は、少なくとも定積分が計算できれば、このような不連続点があってもかまわないということです。

ここまで、連続的確率空間の定義にもとづいて、確率変数Xに対する累積分布関数$F_X(x)$、そして、確率密度関数$f(x)$を導きました。一方、現実世界で観測される事象では、確率変数の値は、正規分布や指数分布など、よく知られた確率密度関数で表わされることがよくあります。「2.6　演習問題」の問5・問6（p.96）では、現実世界の具体例として、二項分布やポアソン分布に従う確率変数が登場しましたが、これと同じことです。また、連続的確率空間では、確率空間そのもの（標本空間Ωや事象そのものに対する確率P）の構造を把握するのが困難なこともしばしばあります。しかしながら、特定の確率変数X、すなわち、現実に観測される具体的な数値データが、どのような確率密度関数を持つかがわかっていれば、確率空間そのものの様子がわからなくても、その期待値や分散を計算することはできます。そこで、これ以降は、連続型の確率変数Xは、常に対応する確率密度$f(x)$が存在するものとして議論を進めていきます。

それではまず、連続型の確率変数に対する期待値、分散、共分散などの計算方法を説明します。その準備として、確率関数$p_X(x)$と確率密度$f(x)$の類似性について、あらためて整理しておきます。たとえば、確率関数$p_X(x)$の場合、すべての値に対する確率の合計が1になるという事実は、次のように表わされました。

$$\sum_{x \in \mathrm{Im}\, X} p_X(x) = 1$$

一方、確率密度$f(x)$の場合、これは、次のような定積分に置き換わります。

$$\int_{-\infty}^{\infty} f(x)\, dx = 1 \qquad (3\text{-}12)$$

(3-11)の関係を思い出すと、上式の左辺は、Xの値が任意の実数値に含まれる確率を示しており、確かにこれは1になるはずです。これからわかるように、一般に、確率関数を用いた和の計算は、連続型の確率変数では、確率密度を用いた積分計算に置き換わります。たとえば、Xを確率密度関数$f(X)$を持つ連続型の確率変数として、その期待値と分散は次式で定義されます[※9] ▶定義17。

$$E(X) = \int_{-\infty}^{\infty} xf(x)\,dx$$
$$V(X) = \int_{-\infty}^{\infty} \{x - E(X)\}^2 f(x)\,dx$$

また、離散型の確率変数と同様に、分散の平方根 $\sqrt{V(X)}$ を標準偏差と呼びます。そして、定積分の計算は、和の計算と同じく、線形性の性質を持ちます。つまり、a, b を任意の定数として、積分可能な関数 $f(x), g(x)$ について、次の関係が成り立ちます。

$$\int_{-\infty}^{\infty} \{af(x) + bg(x)\}\,dx = a\int_{-\infty}^{\infty} f(x)\,dx + b\int_{-\infty}^{\infty} g(x)\,dx$$

この性質を用いると、期待値と分散に関するさまざまな公式は、離散型の確率変数とまったく同様に証明することができます。たとえば、a, b を任意の実数として、

$$\begin{aligned}E(a + bX) &= \int_{-\infty}^{\infty} (a + bx)f(x)\,dx \\ &= a\int_{-\infty}^{\infty} f(x)\,dx + b\int_{-\infty}^{\infty} xf(x)\,dx \\ &= a + bE(X)\end{aligned}$$

となることから、

$$E(a + bX) = a + bE(X) \tag{3-13}$$

が成り立ちます。上記の計算では、定積分の線形性にあわせて、(3-12) の関係を用いています。個別の証明は割愛しますが、その他には、次のような関係を示すことができます。まず、X_1 と X_2 を任意の確率変数として、

$$E(X_1 + X_2) = E(X_1) + E(X_2) \tag{3-14}$$

※9　積分が発散して、期待値や分散が存在しない場合がありうるのは、離散型の場合と同様です。本節で示す期待値や分散に関する性質は、期待値と分散が存在する確率変数について成り立つものと考えてください。

が成り立ちます。確率変数Xの分散$V(X)$と期待値$E(X)$の間には、次の関係が成り立ちます。

$$V(X) = E(X^2) - E(X)^2$$

また、a, bを任意の実数として、次が成り立ちます。

$$V(a + bX) = b^2 V(X)$$

次に、2つの確率変数の共分散を定義するために、同時確率関数$p_W(x_1, x_2)$に対応する、同時密度関数$f(x_1, x_2)$を導入します。まず、X_1, X_2を連続型の確率変数とするとき、これらを組み合わせた確率変数$W = (X_1, X_2)$を考えます。これは、根元事象$\omega \in \Omega$に対して、$W(\omega) = (X_1(\omega), X_2(\omega))$という$\mathbf{R}^2$の値を与える写像です。このとき、$W$の観測値を$(x_1, x_2)$として、これが、

$$a_1 < x_1 \leq b_1,\ a_2 < x_2 \leq b_2$$

を満たす確率$P_W(A)$を考えます。ここで、Aは上記の区間に対応する$\mathbf{R}^2$の部分集合を表わします。

$$A = \{(x_1, x_2) \in \mathbf{R}^2 \mid a_1 < x_1 \leq b_1,\ a_2 < x_2 \leq b_2\} \tag{3-15}$$

確率変数X_1, X_2が属する確率空間$(\Omega, \mathcal{B}, P)$に立ち戻って考えると、確率$P_W(A)$は、次で計算されます。

$$P_W(A) = P(\Omega_A)$$
$$\Omega_A = \{\omega \in \Omega \mid (X_1(\omega), X_2(\omega)) \in A\}$$

しかしながら、ここでは、確率空間の構造には立ち入らず、$\mathbf{R}$に値を取る確率変数の場合と同様に、任意のAに対して、

$$P_W(A) = \iint_A f(x_1, x_2)\, dx_1 dx_2 \tag{3-16}$$

を満たす2変数関数 $f(x_1,\,x_2)$ が存在することを仮定します。これを X_1 と X_2 の同時密度関数と呼びます▶定義18。ここで、2重積分 $\iint_A \cdots\,dx_1dx_2$ の正確な意味については、下記「確率論における積分計算」を参照してください。

これは、なかなか都合のよい仮定のようですが、先ほども触れたように、現実に観測される事象では、確率変数の値は、特定の確率密度関数を持った分布に従うことがよくあります。あるいは、どのような分布に従うのかがまだわからない現象であれば、少なくとも、何らかの確率密度関数が存在するものと仮定して、その確率密度関数の形を推測するといった作業を行なうことになります。同時密度関数 $f(x_1,\,x_2)$ は、任意の $(x_1,\,x_2)\in\mathbf{R}^2$ に対して $f(x_1,\,x_2)\geq 0$ であり、$\mathbf{R}^2$ 全体での積分（$(x_1,\,x_2)$ が任意の値を取る確率）が1になります。

$$\iint_{\mathbf{R}^2} f(x_1,\,x_2)\,dx_1dx_2 = 1 \tag{3-17}$$

確率論における積分計算

連続型の確率変数に関する計算では、確率密度関数を用いた積分計算、特に(3-12)のように積分区間に無限大を含むものや、(3-16)のように2次元の領域 A に対する2重積分が登場します。積分の理論には、大きく分けて、リーマン積分とルベーグ積分の2種類がありますが、確率論に登場するさまざまな積分を厳密に扱うには、ルベーグ積分の理論が必要となります。しかしながら、ルベーグ積分の理論は本書の範疇を超えるため、ここでは、リーマン積分の知識をもとにして、やや直感的な説明を与えておきます。

まず、(3-12)のように、積分区間に無限大を含むものは、リーマン積分の範囲では、広義積分と呼ばれるもので、有限の区間 $[-a,\,a]$ で定積分を実施した後、$a\to\infty$ の極限を取ったものとして定義されます。期待値 $E(X)$ を例にすると、次のような計算になります。

$$E(X) = \int_{-\infty}^{\infty} xf(x)\,dx = \lim_{a\to\infty}\int_{-a}^{a} xf(x)\,dx$$

次に、本文の(3-15)で定義された、$\mathbf{R}^2$ 上の領域 A を考えます。

$$A = \{(x_1,\,x_2)\in\mathbf{R}^2 \mid a_1 < x_1 \leq b_1,\ a_2 < x_2 \leq b_2\}$$

この場合、(3-16)の2重積分は、x_1 についての積分と、x_2 についての積分を順番に実行したものと理解することができます。

$$\iint_A f(x_1,\,x_2)\,dx_1dx_2 = \int_{a_2}^{b_2}\left\{\int_{a_1}^{b_1} f(x_1,\,x_2)\,dx_1\right\}dx_2 \qquad \text{(3-18)}$$

(3-17) のような $\mathbf{R}^2$ 全体での積分は、有限区間の積分に対する極限として定義されます。

$$\iint_{\mathbf{R}^2} f(x_1,\,x_2)\,dx_1dx_2 = \lim_{a_1,\,a_2\to\infty}\int_{-a_2}^{a_2}\left\{\int_{-a_1}^{a_1} f(x_1,\,x_2)\,dx_1\right\}dx_2 \qquad \text{(3-19)}$$

ここで、厳密なことを言うと、x_1 と x_2 のどちらで先に積分するか、あるいは、a_1 と a_2 のどちらについて先に極限を取るかなどによって、上記の計算結果が変わらないことを確認する必要があります。関数 $f(x_1,\,x_2)$ として、数学的に特殊なものを選択すると、このような順番によって結果が変わる可能性もあるからです。本書では、そのような特異な関数は確率密度関数には用いない前提としています。

また、ここで重要なのは、2重積分の図形的な意味です。1変数関数 $f(x)$ の定積分が、図3.5（p.111）のように $y = f(x)$ が描くグラフの面積を表わしたのと同様に、(3-18) の2重積分は、図3.7のように $(x_1,\,x_2)$ 平面上の領域 A とその上を覆う関数 $z = f(x_1,\,x_2)$ のグラフで囲まれた部分の体積を表わします。このように、グラフが囲む領域の体積として2重積分を理解すると、領域 A が長方形以外の形であったとしても、A を積分領域とする2重積分を自然に理解することができます。一般に、領域 A がどのような形であったとしても、A の上部にある部分の体積として2重積分 $\iint_A \cdots\, dx_1dx_2$ を定義することができるのです。

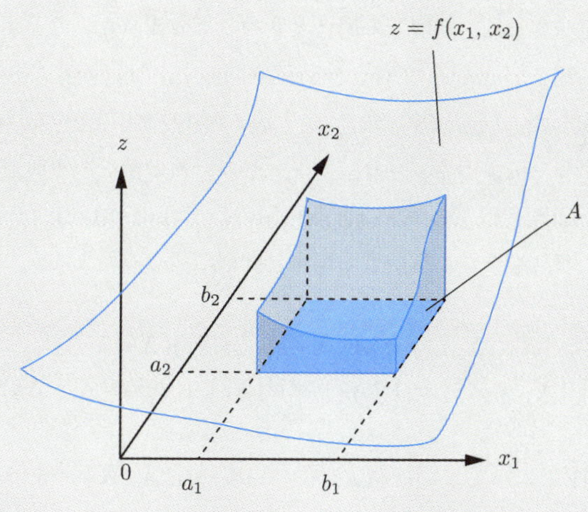

図3.7　A と $z = f(x_1,\,x_2)$ のグラフが囲む領域

この同時密度関数 $f(x_1, x_2)$ を用いると、2つの確率変数 X_1 と X_2 を組み合わせた、新しい確率変数の期待値や分散が計算できます。たとえば、$X'(\omega) = X_1(\omega)X_2(\omega)$ で確率変数 X' を定義すると、この期待値は、次式で計算されます。

$$E(X') = \iint_{\mathbf{R}^2} x_1 x_2 f(x_1, x_2)\,dx_1 dx_2$$

これは、ちょうど、「2.1　確率変数の期待値と分散」の(2-12)に対応する関係式となります▶定理18。一般には X_1 と X_2 を組み合わせた任意の関数を $X'(\omega) = g(X_1(\omega), X_2(\omega))$ として、次の関数が成り立ちます。

$$E(X') = \iint_{\mathbf{R}^2} g(x_1, x_2) f(x_1, x_2)\,dx_1 dx_2$$

これを利用すると、連続型の確率変数 X_1, X_2 に対する共分散と相関係数は、離散型の場合と同様に、次で定義することができます▶定義19。

$$\mathrm{Cov}(X_1, X_2) = E((X_1 - E(X_1))(X_2 - E(X_2)))$$
$$\rho(X_1, X_2) = \frac{\mathrm{Cov}(X_1, X_2)}{\sqrt{V(X_1)V(X_2)}}$$

これらが持つ意味もまた、離散型の場合と変わりありません。たとえば、「2.2　共分散と相関係数」の図2.5（p.65）では、同時確率関数 $p_W(x_1, x_2)$ が取る値の大小を円の大小で表現しました。同時確率密度 $f(x_1, x_2)$ の値の大小を色の濃淡で表示すれば、まったく同様のグラフによって、共分散が正／ゼロ／負の値を取る典型例を示すことができるでしょう。また、以下の関係は、期待値の線形性(3-13) (3-14)から示されるものでしたので、これらもまた、離散型の場合と同様に成り立ちます。

$$\mathrm{Cov}(X_1, X_2) = E(X_1X_2) - E(X_1)(X_2) \tag{3-20}$$
$$V(X_1 + X_2) = V(X_1) + V(X_2) + 2\mathrm{Cov}(X_1, X_2) \tag{3-21}$$

次の確率変数 W によって、期待値 $E(X) = 0$、分散 $V(X) = 1$ に正規化されることも同様です。

$$W = \frac{X - E(X)}{\sqrt{V(X)}}$$

さらに、次の対称行列CをX_1, X_2の分散共分散行列と呼ぶことも同じです。

$$C = \begin{pmatrix} V(X_1) & \mathrm{Cov}(X_1, X_2) \\ \mathrm{Cov}(X_2, X_1) & V(X_2) \end{pmatrix}$$

これは、

$$C_{ij} = E((X_i - E(X_i))(X_j - E(X_j)))$$

と置いて、C_{ij}を(i, j)成分とする対称行列になります。

続いて、X_1とX_2が独立であることは、X_1, X_2それぞれの確率密度関数を$f_1(x_1)$, $f_2(x_2)$として、

$$f(x_1, x_2) = f_1(x_1)f_2(x_2)$$

が成り立つことと同値になります▶定理19。これは、「1.4 確率変数と確率分布」の(1-40)に対応する関係式で、その証明もまた、(1-40)に至る議論と同様です。確率関数についての和を確率密度関数についての積分に置き換えれば、同じ議論をそのまま適用することができます。したがって、X_1とX_2が独立であれば、

$$\begin{aligned} E(X_1X_2) &= \iint_{\mathbf{R}^2} x_1x_2f(x_1, x_2)\,dx_1dx_2 \\ &= \iint_{\mathbf{R}^2} x_1x_2f_1(x_1)f_2(x_2)\,dx_1dx_2 \\ &= \left\{\int_{-\infty}^{\infty} x_1f_1(x_1)\,dx_1\right\}\left\{\int_{-\infty}^{\infty} x_2f_2(x_2)\,dx_2\right\} \\ &= E(X_1)E(X_2) \end{aligned}$$

となります[※10]。つまり、離散型の確率変数と同様に、

※10 2行目から3行目への変形は、「確率論における積分計算」の(3-19)のように、x_1による積分とx_2による積分を分けて書くと成り立つことがわかります。

$$E(X_1X_2) = E(X_1)E(X_2)$$

が成り立ち、この結果、(3-20) (3-21) より、次の関係が得られます。

$$\begin{aligned} &\mathrm{Cov}(X_1,\, X_2) = 0 \\ &V(X_1 + X_2) = V(X_1) + V(X_2) \end{aligned}$$

最後に、「2.4　大数の法則」で示した、チェビシェフの不等式と大数の法則もまた、そのまま、連続型の確率変数に当てはまります。チェビシェフの不等式については、確率関数を用いた和の計算を確率密度を用いた定積分に置き換えることで、(2-26) の関係が導かれます。これが成り立てば、大数の法則の証明は、そのままの形で連続型の確率変数にも当てはまります。確率変数に関連する話題としては、この他には、条件付き確率や周辺確率の考え方がありました。連続的確率空間におけるこれらの計算方法については、次節において、2次元の正規分布を具体例として用いながら説明を進めます。

なお、本節の議論からわかるように、確率関数 $p_X(x)$ と確率密度関数 $f(x)$ は和の計算と積分の計算を置き換えれば、計算上はほぼ同じ役割をしていることがわかります。離散的確率空間と連続的確率空間をまとめて議論する際は、これらをまったく同じ記号 $P(x)$ などで表わしておき、状況に応じて、和の計算を用いたり、積分による計算を行なったりすることがあります。これもまた、p.42「確率分布・確率関数の記法」で説明した、簡便な記法の一例です。ただし、図3.8に示すように、確率密度関数が急激なピークを持つ場合、その値は1を超えることもあります。このようなグラフを見て、「確率が1より大きいとはどういうこと！？」と驚かないように注意してください。

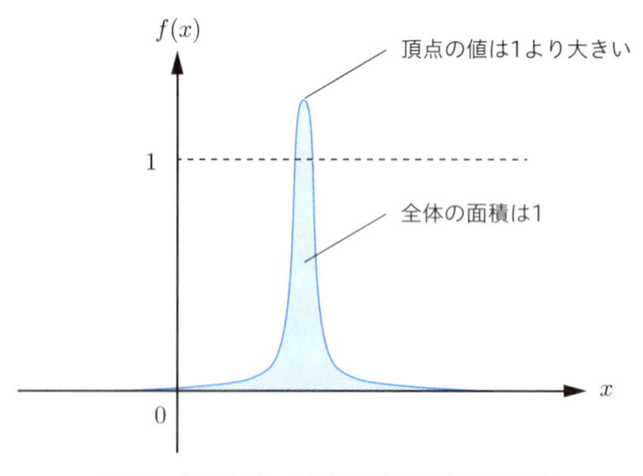

図3.8　急激なピークを持つ確率密度関数の例

3.3 正規分布の性質

ここでは、連続型の確率変数が従う確率分布の例として、正規分布について説明します。現実世界の事象が従う確率分布には、指数分布など、その他にもさまざまな例がありますが、まずは、応用的に重要な役割を果たす正規分布を用いて、確率密度関数を用いた計算方法を説明していきます。はじめに、数学的な準備として、次の1変数関数について考えます。

$$f(x) = \frac{1}{\sqrt{2\pi}} \exp\left(-\frac{x^2}{2}\right) \tag{3-22}$$

少し複雑な形をしていますが、本質的には、$x = 0$ で最大値を取り、$x \to \pm\infty$ で0に近づいていくという性質を持っており、全体として、図3.9のような釣り鐘型のグラフを描きます。頭の $\dfrac{1}{\sqrt{2\pi}}$ は、実数全体での積分値が1になるように調整するためのものです。証明は割愛しますが、

$$\int_{-\infty}^{\infty} \exp\left(-\frac{x^2}{2\sigma^2}\right) dx = \sqrt{2\pi\sigma^2} \tag{3-23}$$

という積分公式（ガウス積分の公式）があり、特に $\sigma = 1$ の場合を考えると、

$$\int_{-\infty}^{\infty} f(x)\, dx = 1 \tag{3-24}$$

が成り立つことがわかります。したがって、この $f(x)$ は確率密度関数としての性質を満たしており、この確率密度関数に従う確率分布を標準正規分布と言います▶定義21。確率変数 X が標準正規分布に従うとき、期待値 $E(X)$ は0、分散 $V(X)$ は1になります[※11]。

※11 この関係式を含めて、正規分布に関する積分計算の方法は、p.123「正規分布に関する積分計算」でまとめて説明しています。

$$E(X) = \int_{-\infty}^{\infty} xf(x)\,dx = 0$$

$$V(X) = \int_{-\infty}^{\infty} \{x - E(X)\}^2 f(x)\,dx = \int_{-\infty}^{\infty} x^2 f(x)\,dx = 1$$

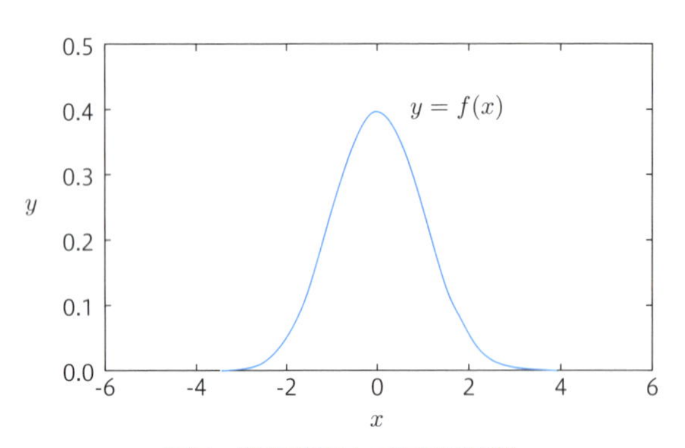

図3.9　標準正規分布の確率密度関数

そして、この関数 $f(x)$ を x 軸方向に拡大／縮小すると、分散 $V(X)$ を任意の値に調整することができます。具体的には、$\sigma > 0$ を用いて、x を $\frac{x}{\sigma}$ に置き換えると、x 軸方向に σ 倍に拡大された次の関数が得られます。

$$f(x) = \frac{1}{\sqrt{2\pi\sigma^2}} \exp\left(-\frac{x^2}{2\sigma^2}\right) \tag{3-25}$$

ここで、頭の定数が $\frac{1}{\sigma}$ 倍に変化しているのは、実数全体での積分値を1に保つためです。つまり、(3-23) により、上記の $f(x)$ に対しても (3-24) が成り立ちます。そして、この関数 $f(x)$ は、期待値 $E(X)$ が0で、分散 $V(X)$ が σ^2 の確率分布に対する確率密度関数となります。最後に、x を $x - \mu$ に置き換えると、x 軸方向に μ だけ平行移動した次の関数が得られます。

$$f(x) = \frac{1}{\sqrt{2\pi\sigma^2}} \exp\left\{-\frac{(x-\mu)^2}{2\sigma^2}\right\} \tag{3-26}$$

容易に想像できるように、これは、期待値 $E(X)$ が μ で、分散 $V(X)$ が σ^2 の確率分布に対応した確率密度関数になります。一般に、この確率密度関数で記述される確率分布を正規分布と呼び、記号 $N(\mu, \sigma^2)$ で表わします▶定義22。これは、$x = \mu$ を中心にして、おおよそ $\mu \pm \sigma$ の範囲に広がる分布になります。自然界に現われる現象には、毎回、ほぼ同じ値を取るものの、一定の割合でランダムな広がりを示すものが多くあります。このような場合、「ほぼ同じ値」を期待値 μ、「一定の割合のランダムな広がり」を標準偏差 σ に当てはめた正規分布でこの現象がうまく記述できることがよくあります。正規分布を用いた具体例として、「A.1　最小二乗法による回帰分析」も参考にしてください。

正規分布を利用する実用的なメリットとして、期待値の周りの特定の幅の積分値が具体的に知られているという点があります。具体的には、$N(\mu, \sigma^2)$ の確率密度関数(3-26)に対して、次のような値が得られます。

$$\int_{\mu-2\sigma}^{\mu+2\sigma} f(x)\,dx \fallingdotseq 0.954$$

$$\int_{\mu-3\sigma}^{\mu+3\sigma} f(x)\,dx \fallingdotseq 0.997$$

上記の積分は、それぞれ、確率変数 X の値が $\mu \pm 2\sigma$、および、$\mu \pm 3\sigma$ の範囲に含まれる確率を表わします。つまり、$N(\mu, \sigma^2)$ に従う確率変数は、約95.4％の確率で標準偏差 σ の2倍の幅に収まり、約99.7％の確率で標準偏差 σ の3倍の幅に収まることがわかります。もちろん、現実に発生する事象が正規分布に従うとわかっている場合でも、期待値 μ と分散 σ^2 の値は、それぞれで異なります。これらの値がわからなければ、上記の計算を具体的には適用することはできません。実際の観測データから、期待値と分散の値を推測する方法については、「4.1　最尤推定法と不偏推定量」であらためて説明を行ないます。

正規分布に関する積分計算

正規分布に関連する積分計算について、本文では、証明抜きで結果だけを示しましたが、(3-23)の公式を認めると、その他の関係式は解析学の知識を用いて証明することができます。はじめに、(3-25)の $f(x)$ について、期待値と分散がそれぞれ $E(X) = 0,\ V(X) = \sigma^2$ となることを示します。そうすれば、$\sigma = 1$ の特別な場合として、(3-22)の $f(x)$ についても、$E(X) = 0,\ V(X) = 1$ が得られます。

まず、(3-25)の$f(x)$について、その期待値が0になることは、$f(x)$が$x=0$について左右対称なグラフを持つことから直感的に明らかです。数学的に言えば、$g(x)=xf(x)$が$g(-x)=-g(x)$を満たす奇関数であることから、任意の$a>0$について、

$$\int_{-a}^{a} g(x)\,dx = 0$$

が成り立ちます。ここで、$a\to\infty$の極限を取ると、$E(X)=0$が得られます。

続いて、(3-25)の$f(x)$に対する分散は、次の手順で計算されます。やや技巧的ですが、

$$f(x) = 1 \times f(x)$$

と考えて、部分積分の公式を適用すると、

$$1 = \int_{-\infty}^{\infty} f(x)\,dx = \Big[xf(x)\Big]_{-\infty}^{\infty} - \int_{-\infty}^{\infty} xf'(x)\,dx \tag{3-27}$$

が得られます。次の極限の公式より、上式の右辺第1項は、0になります。

$$\lim_{x\to\pm\infty} x\exp\left(-\frac{x^2}{\sigma^2}\right) = 0$$

さらに、(3-25)の$f(x)$を微分すると、合成関数の微分を用いて、

$$f'(x) = -\frac{x}{\sigma^2}\frac{1}{\sqrt{2\pi\sigma^2}}\exp\left(-\frac{x^2}{2\sigma^2}\right)$$

となることから、これを(3-27)に代入して、

$$1 = \int_{-\infty}^{\infty} \frac{x^2}{\sigma^2}\frac{1}{\sqrt{2\pi\sigma^2}}\exp\left(-\frac{x^2}{2\sigma^2}\right)dx = \frac{1}{\sigma^2}\int_{-\infty}^{\infty} x^2 f(x)\,dx = \frac{1}{\sigma^2}V(X)$$

が得られます。これで、$V(X)=\sigma^2$が示されました。最後に、(3-26)の$f(x)$は、これをx軸方向にμだけ平行移動したものであることから、分散$V(X)$はσのままで、期待値$E(X)$はμに変わります。

続いて、2次元の正規分布を説明します。これは、2つの実数値を取る確率変数 $W = (X_1, X_2)$ に対する同時密度関数 $f(x_1, x_2)$ が、ある特別な形を取るものですが、1変数の場合と同様に順を追って説明します。はじめに、次の2変数関数を考えます。

$$\begin{aligned} f(x_1, x_2) &= \frac{1}{2\pi}\exp\left\{-\frac{1}{2}\left(x_1^2 + x_2^2\right)\right\} \\ &= \frac{1}{\sqrt{2\pi}}\exp\left(-\frac{x_1^2}{2}\right) \times \frac{1}{\sqrt{2\pi}}\exp\left(-\frac{x_2^2}{2}\right) \end{aligned} \tag{3-28}$$

これは、図3.10のように、原点を中心にして、対称に広がる釣り鐘のグラフを描きます。積分公式(3-23)を用いると、$\mathbf{R}^2$ 全体での積分が1になることがわかります。

$$\begin{aligned} \iint_{\mathbf{R}^2} f(x_1, x_2)\,dx_1dx_2 &= \int_{-\infty}^{\infty}\left\{\int_{-\infty}^{\infty} f(x_1, x_2)\,dx_1\right\}dx_2 \\ = \frac{1}{\sqrt{2\pi}}\int_{-\infty}^{\infty}\exp\left(-\frac{x_1^2}{2}\right)dx_1 &\times \frac{1}{\sqrt{2\pi}}\int_{-\infty}^{\infty}\exp\left(-\frac{x_2^2}{2}\right)dx_2 = 1 \end{aligned}$$

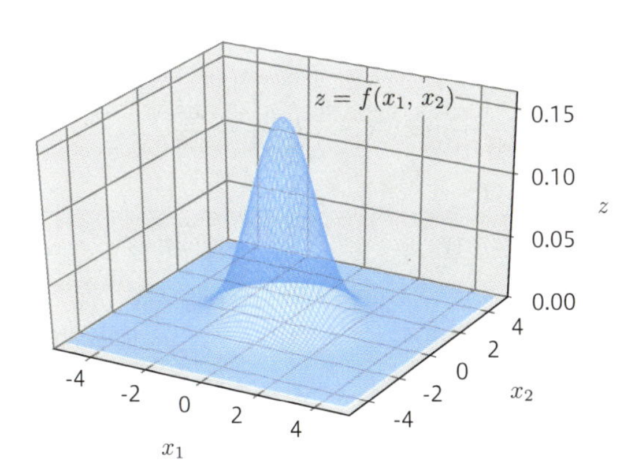

図3.10　2次元標準正規分布の確率密度関数

したがって、これは同時密度関数としての条件を満たしており、これに従う確率分布を2次元標準正規分布と呼びます ▶定義23。X_1 と X_2 のそれぞれについて、期待値0、分散1という条件を満たします。実際、(3-28)をよく見ると、$f_1(x_1)$ と $f_2(x_2)$ を（1次元の）標準正規分布に対応する密度関数として、

$$f(x_1,\,x_2) = f_1(x_1)f_2(x_2)$$

が成り立っています。これは、X_1 と X_2 が独立であることを示しており、たとえば、X_1 の期待値と分散は、次のように計算されます。

$$E(X_1) = \iint_{\mathbf{R}^2} x_1 f(x_1,\,x_2)\,dx_1 dx_2 = \int_{-\infty}^{\infty} x_1 f_1(x_1)\,dx_1 \times \int_{-\infty}^{\infty} f_2(x_2)\,dx_2 = 0$$

$$V(X_1) = \iint_{\mathbf{R}^2} x_1^2 f(x_1,\,x_2)\,dx_1 dx_2 = \int_{-\infty}^{\infty} x_1^2 f_1(x_1)\,dx_1 \times \int_{-\infty}^{\infty} f_2(x_2)\,dx_2 = 1$$

上記の計算において、$f_1(x_1)$ についての積分は（1次元の）標準正規分布に対する期待値と分散（つまり、0と1）を表わしており、$f_2(x_2)$ についての積分は（1次元の）標準正規分布に対する全確率（つまり1）を表わしていることに注意してください。

次に、この $f(x_1,\,x_2)$ を x_1 方向と x_2 方向のそれぞれについて、σ_1 倍、および、σ_2 倍に拡大します。(3-25) を導いた場合と同様に、$\mathbf{R}^2$ 全体での積分値が1になるように調整すると、次の結果が得られます。

$$\begin{aligned} f(x_1,\,x_2) &= \frac{1}{2\pi\sigma_1\sigma_2}\exp\left\{-\frac{1}{2}\left(\frac{x_1^2}{\sigma_1^2}+\frac{x_2^2}{\sigma_2^2}\right)\right\} \\ &= \frac{1}{\sqrt{2\pi\sigma_1^2}}\exp\left(-\frac{x_1^2}{2\sigma_1^2}\right) \times \frac{1}{\sqrt{2\pi\sigma_2^2}}\exp\left(-\frac{x_2^2}{2\sigma_2^2}\right) \end{aligned} \quad (3\text{-}29)$$

先ほどの2次元標準正規分布の場合と同様なので、詳しい計算は割愛しますが、この場合も X_1 と X_2 は独立であり、期待値と分散について次が成り立ちます（図3.11）。

$$E(X_1) = 0,\ V(X_1) = \sigma_1^2$$
$$E(X_2) = 0,\ V(X_2) = \sigma_2^2$$

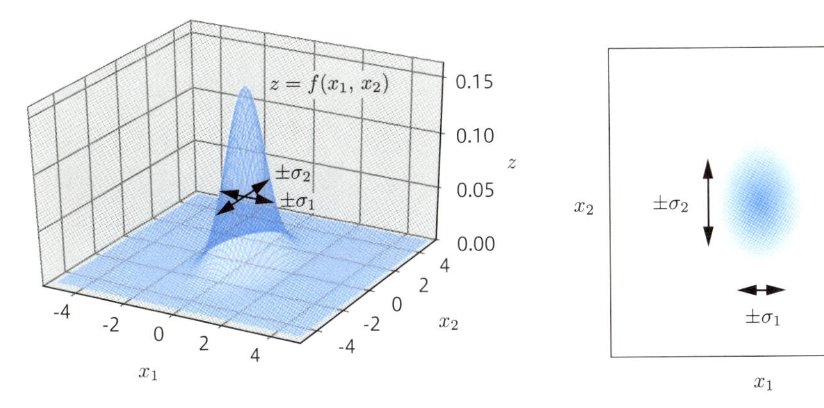

図3.11　分散 σ_1^2, σ_2^2 を持つ2次元正規分布

ここで、この例を用いて、周辺確率の計算方法と条件付き確率について説明します。今の場合、1つの根元事象 ω が発生すると、$X_1(\omega)$ と $X_2(\omega)$ の2つの確率変数の値が得られるわけですが、たとえば、X_1 の周辺確率というのは、X_1 の値がいくらになるかだけに興味があり、X_2 の値は何でもかまわないという場合の確率です。たとえば、

$$A_{ab} = \{x_1 \in \mathbf{R} \mid a < x_1 \leq b\}$$

として、X_1 の観測値 x_1 が領域 A_{ab} に含まれる確率 $P_{X_1}(A_{ab})$ を考えると、これは、$(X_1,\, X_2)$ の観測値 $(x_1,\, x_2)$ が次の領域 A に含まれる確率と言い換えることができます。

$$A = \{(x_1,\, x_2) \in \mathbf{R}^2 \mid a < x_1 \leq b,\, x_2 \in \mathbf{R}\}$$

したがって、確率 $P_{X_1}(A_{ab})$ は、同時密度関数 $f(x_1,\, x_2)$ を用いて、次のように計算されます。

$$P_{X_1}(A_{ab}) = \iint_A f(x_1,\, x_2)\, dx_1 dx_2 = \int_a^b \left\{ \int_{-\infty}^{\infty} f(x_1,\, x_2)\, dx_2 \right\} dx_1$$

これが周辺確率の計算方法というわけですが、ここで、関数 $f_1(x_1)$ を次式で定義してみます。

$$f_1(x_1) = \int_{-\infty}^{\infty} f(x_1,\,x_2)\,dx_2 \tag{3-30}$$

すると、X_1 の値が領域 A_{ab} に含まれる確率 $P_{X_1}(A_{ab})$ は、次で表わされます。

$$P_{X_1}(A_{ab}) = \int_a^b f_1(x_1)\,dx_1$$

これは、前節の(3-11)と同じものであり、結局のところ、(3-30)で定義される $f_1(x_1)$ は確率変数 X_1 の密度関数を表わすことになります。つまり、(3-30)は、X_1 と X_2 の同時密度関数 $f(x_1,\,x_2)$ から、X_1 の確率密度関数 $f_1(x_1)$ を求める公式であり、これが連続的確率空間における周辺確率の公式ということになります▶定理20。同様に、X_2 についての確率密度関数 $f_2(x_2)$ は次式で与えられます。

$$f_2(x_2) = \int_{-\infty}^{\infty} f(x_1,\,x_2)\,dx_1 \tag{3-31}$$

ここで、同時密度関数が(3-29)で与えられる場合を考えてみます。この場合、(3-30)を用いて X_1 の周辺確率、すなわち、X_1 の確率密度関数を求めると、次のように、正規分布 $N(0,\,\sigma_1)$ の確率密度関数が得られます。

$$\begin{aligned}
f_1(x_1) &= \int_{-\infty}^{\infty} f(x_1,\,x_2)\,dx_2 \\
&= \frac{1}{\sqrt{2\pi\sigma_1^2}} \exp\left(-\frac{x_1^2}{2\sigma_1^2}\right) \times \frac{1}{\sqrt{2\pi\sigma_2^2}} \int_{-\infty}^{\infty} \exp\left(-\frac{x_2^2}{2\sigma_2^2}\right) dx_2 \\
&= \frac{1}{\sqrt{2\pi\sigma_1^2}} \exp\left(-\frac{x_1^2}{2\sigma_1^2}\right)
\end{aligned}$$

これと同様に、X_2 の周辺確率は、正規分布 $N(0,\,\sigma_2)$ になることがわかります。

$$f_2(x_2) = \int_{-\infty}^{\infty} f(x_1,\,x_2)\,dx_1 = \frac{1}{\sqrt{2\pi\sigma_2^2}} \exp\left(-\frac{x_2^2}{2\sigma_2^2}\right)$$

この後、(3-29)を回転・平行移動した、より一般の2次元正規分布を構成しますが、一般に、2次元正規分布の周辺確率は、常に正規分布になるという特徴があります。

次は、条件付き確率を考えます。これに関しては、連続的確率空間に固有の考え方があるので、少し注意が必要です。まず、条件付き確率の定義に立ち戻ると、大元の確率空間$(\Omega, \mathcal{B}, P)$において、事象$A, B \in \mathcal{B}$を考えた際に、事象Bに対する事象Aの条件付き確率は、次式で定義されました。

$$P(A \mid B) = \frac{P(A \cap B)}{P(B)}$$

したがって、たとえば、事象A, Bが、それぞれ、

$$A = \{\omega \in \Omega \mid a_1 < X_1(\omega) \le b_1\}$$
$$B = \{\omega \in \Omega \mid a_2 < X_2(\omega) \le b_2\}$$

という場合を考えると、確率$P(A \cap B)$と$P(B)$は、それぞれ、確率密度関数を用いて、

$$P(A \cap B) = \int_B \left\{ \int_A f(x_1, x_2)\, dx_1 \right\} dx_2$$
$$P(B) = \int_B f_2(x_2)\, dx_2$$

と計算されます。積分の領域として示したA, Bは、それぞれ、区間$[a_1, b_1]$、および、$[a_2, b_2]$での定積分を表わします。したがって、上記の条件付き確率は、次式のように表わされます。

$$P(A \mid B) = \frac{\int_B \left\{ \int_A f(x_1, x_2)\, dx_1 \right\} dx_2}{\int_B f_2(x_2)\, dx_2}$$

これは正しい関係式なのですが、実は、文献によっては、Bの範囲を（$f_2(x_2) > 0$を満たす）特定の値x_2に限定して、

$$f(x_1 \mid x_2) = \frac{f(x_1, x_2)}{f_2(x_2)} \tag{3-32}$$

という関数を定義し、これを条件付き確率密度関数と呼ぶことがあります▶定義20。何度か強調したように、X_2が特定の値x_2を取る確率というものは存在せず、上式右辺の分母は何らかの確率を表わすものではありません。そういう意味では、$f(x_1 \mid x_2)$が実際に何を表わしているのかは、少し不明瞭です。しかしながら、$f(x_1 \mid x_2)$をx_1の1変数関数と思った場合、任意の$x_1 \in \mathbf{R}$について、$f(x_1 \mid x_2) \geq 0$であり、さらに、$\mathbf{R}$全体での積分を計算すると、

$$\int_{-\infty}^{\infty} f(x_1 \mid x_2)\,dx_1 = \int_{-\infty}^{\infty} \frac{f(x_1,\,x_2)}{f_2(x_2)}\,dx_1 = \frac{1}{f_2(x_2)}\int_{-\infty}^{\infty} f(x_1,\,x_2)\,dx_1$$
$$= \frac{f_2(x_2)}{f_2(x_2)} = 1$$

となります。したがって、$f(x_1 \mid x_2)$は確率密度関数としての条件を満たすことがわかります▶定理21。上記の積分における1行目から2行目への変形では、周辺確率の公式(3-31)を用いています。この状況を図形的に説明すると、図3.12のようになります。x_2を固定して、同時密度関数$f(x_1,\,x_2)$をx_1の1変数関数と考えると、これは、特定のx_2におけるグラフの「切り口」を表わします。これを$f_2(x_2)$で割ることによって、切り口全体の面積が1になるように調整したものが$f(x_1 \mid x_2)$というわけです。

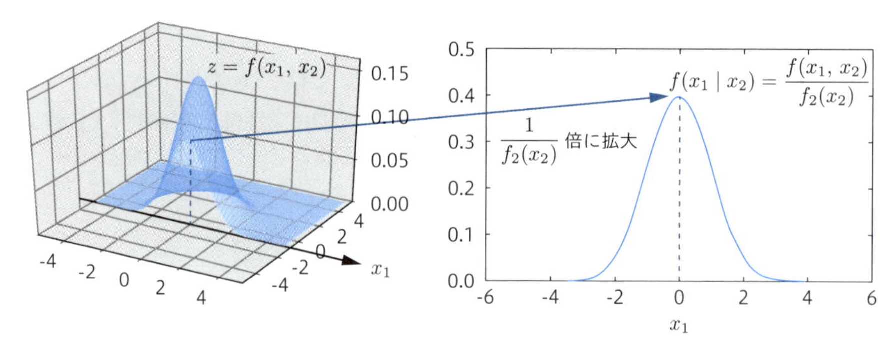

図3.12　条件付き確率密度関数を構成する様子

さらにまた、(3-32)を$f(x_1,\,x_2) = f(x_1 \mid x_2)f_2(x_2)$と変形して、$x_1$と$x_2$の役割を入れ替えたものと等置すると、次の関係が成り立ちます。これはちょうど、ベイズの定理に対応した関係と言えるでしょう▶定理21。

$$f(x_2 \mid x_1) = \frac{f(x_1 \mid x_2)f_2(x_2)}{f_1(x_1)} = \frac{f(x_1 \mid x_2)f_2(x_2)}{\displaystyle\int_{-\infty}^{\infty} f(x_1,\, x_2)\, dx_2}$$

なお、同時密度関数が(3-29)で与えられる場合は、定義からすぐわかるように、条件付き確率密度関数 $f(x_1 \mid x_2)$ は、正規分布 $N(0,\, \sigma_1)$ に一致します。

$$\begin{aligned} f(x_1 \mid x_2) &= \frac{\dfrac{1}{\sqrt{2\pi\sigma_1^2}} \exp\left(-\dfrac{x_1^2}{2\sigma_1^2}\right) \times \dfrac{1}{\sqrt{2\pi\sigma_2^2}} \exp\left(-\dfrac{x_2^2}{2\sigma_2^2}\right)}{\dfrac{1}{\sqrt{2\pi\sigma_2^2}} \exp\left(-\dfrac{x_2^2}{2\sigma_2^2}\right)} \\ &= \frac{1}{\sqrt{2\pi\sigma_1^2}} \exp\left(-\frac{x_1^2}{2\sigma_1^2}\right) \end{aligned}$$

条件付き確率密度関数もまた、(3-29)を回転・平行移動した、より一般の2次元正規分布において、常に正規分布になるという特徴があります（p.136「2次元正規分布の周辺確率と条件付き確率密度関数」を参照)。

それではここで、実際に、(3-29)を回転・平行移動した、一般の2次元正規分布を構成していきます。まず、縦ベクトルを用いて、変数 $x_1,\, x_2$ の組を $\mathbf{x} = (x_1,\, x_2)^{\mathrm{T}}$ と表わします[※12]。そして、回転行列 R を用いて、新しい同時密度関数 $f'(\mathbf{x})$ を次式で定義します。

$$f'(\mathbf{x}) = f(R\mathbf{x}) \tag{3-33}$$

ここに、R は、

$$R = \begin{pmatrix} \cos\theta & -\sin\theta \\ \sin\theta & \cos\theta \end{pmatrix}$$

で定義される直交行列で、原点を中心に角 θ だけ回転する一次変換を表わします[※13]。直交行列とは、行列の各列を構成する縦ベクトルが正規直交系となるもので、

※12　記号Tは転置行列を表わします。ここでは、横ベクトル $(x_1,\, x_2)$ を転置することで縦ベクトルを表わしています。

※13　θ はギリシャ文字・シータの小文字。

$R^{-1} = R^{\mathrm{T}}$ という関係を満たします。図3.13からわかるように、点$\mathbf{x}$におけるf'の値は、点$R\mathbf{x}$におけるfの値に一致するので、$f'(\mathbf{x})$のグラフは、$f(\mathbf{x})$のグラフを角$-\theta$だけ回転したものになります。言い換えると、$f'(\mathbf{x})$は(X_1, X_2)を$-\theta$だけ回転した新しい確率変数(X'_1, X'_2)に対する同時密度関数ということになります※14。座標軸で見ると、(X_1, X_2)座標を角θだけ回転したものが(X'_1, X'_2)座標になりますが、座標成分の値（すなわち、確率変数の値）は、逆方向に変換される点に注意してください。

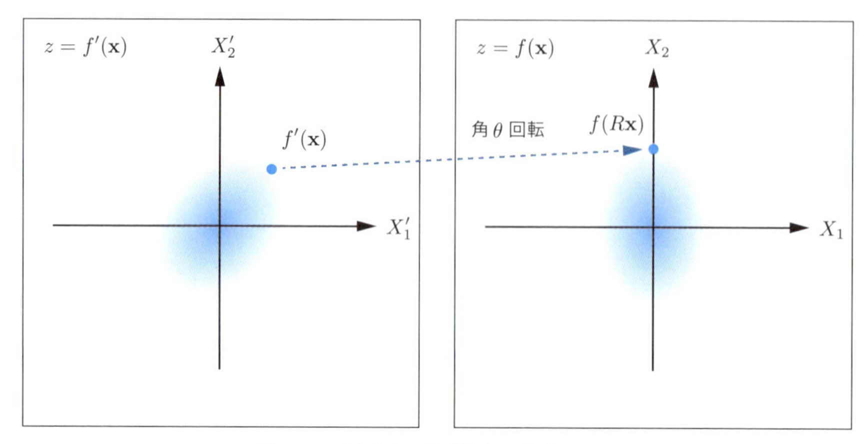

図3.13　同時密度関数$f'(\mathbf{x})$と$f(\mathbf{x})$の関係

原理的には、これで、(3-29)を$-\theta$だけ回転した確率密度関数$f'(\mathbf{x})$が得られたことになります。図3.14からわかるように、もとの$f(\mathbf{x})$とはx_1, x_2方向それぞれの広がり方が変わっており、分散$V(X'_1), V(X'_2)$の値はσ_1^2, σ_2^2とは異なる値に変化しています。さらに、同時密度関数が斜め方向に伸びていることから、共分散$\mathrm{Cov}(X'_1, X'_2)$の値が発生しているはずです。共分散が0でないということは、X'_1とX'_2は、独立ではないということになります。

そこで、実際に、X'_1, X'_2の分散と共分散を計算してみます。まず、新しい確率変数(X'_1, X'_2)は、元の確率変数(X_1, X_2)を角$-\theta$だけ回転したものなので、回転行列Rの逆行列R^{-1}を用いて、

$$\begin{pmatrix} X'_1 \\ X'_2 \end{pmatrix} = R^{-1}\begin{pmatrix} X_1 \\ X_2 \end{pmatrix} = R^{\mathrm{T}}\begin{pmatrix} X_1 \\ X_2 \end{pmatrix}$$

※14　$f'(\mathbf{x})$が同時密度関数であることを言うには、厳密には、$\mathbf{R}^2$全体での積分が1になることを示す必要があります。今の場合は、もとのグラフを回転させただけので、$\mathbf{R}^2$全体での積分、すなわち、グラフが描く領域の全体積が変わらないことは自明でしょう。

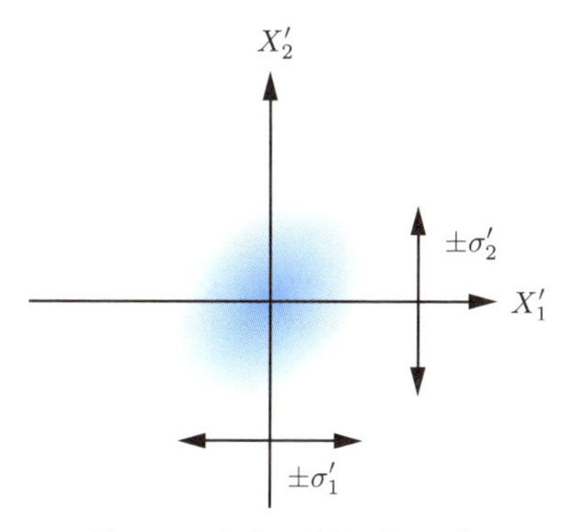

図3.14 回転後の確率分布の分散

という関係でつながります。回転行列Rの$(i,\ j)$成分をR_{ij}とすると、次のように成分表示されます。Rが転置行列になっているので、和を取る際の添字の順序が入れ替わっている点に注意してください。

$$X_i' = \sum_{k=1}^{2} R_{ki}X_k \ (i = 1,\ 2)$$

したがって、次の計算により、期待値$E(X_1'),\ E(X_2')$は0のままであるとわかります。

$$E(X_i') = E\left(\sum_{k=1}^{2} R_{ki}X_k\right) = \sum_{k=1}^{2} R_{ki}E(X_k) = 0$$

次に、分散共分散行列C'の$(i,\ j)$成分、

$$C_{ij}' = E((X_i' - E(X_i'))(X_j' - E(X_j')))$$

を計算します。これにより、分散$V(X_1') = C_{11}',\ V(X_2') = C_{22}'$と共分散$C_{12}' = \mathrm{Cov}(X_1,\ X_2)$をまとめて計算することができます。

$$\begin{aligned}C_{ij}' &= E((X_i' - E(X_i'))(X_j' - E(X_j'))) = E(X_i'X_j') \\ &= E\left(\sum_{k=1}^{2} R_{ki}X_k \sum_{l=1}^{2} R_{lj}X_l\right) = \sum_{k=1}^{2}\sum_{l=1}^{2} R_{ki}R_{lj}E(X_kX_l)\end{aligned}$$

最後に残った $E(X_kX_l)$ はもとの確率変数 X_1, X_2 の分散共分散行列 C の成分 C_{kl} になっているので、上記の結果は、次のように行列形式で書き直すことができます ▶定理22。

$$C' = R^{\mathrm{T}}CR = R^{-1}CR \tag{3-34}$$

今の場合、確率変数 X_1, X_2 に対する分散共分散行列 C の成分は、次で与えられます。

$$C = \begin{pmatrix} \sigma_1^2 & 0 \\ 0 & \sigma_2^2 \end{pmatrix} \tag{3-35}$$

一般に、上記の関係によって、回転前の2次元正規分布が持つ分散 σ_1^2 と σ_2^2 が混ざり合って、回転後の2次元正規分布の分散、および、共分散を構成することになります[※15]。

そして、これらの関係をうまく利用すると、回転後の同時密度関数 $f'(\mathbf{x})$ をきれいな形にまとめることができます。やや作為的な変形ですが、はじめに、回転前の同時密度関数(3-29)を次のように、行列形式で書き直します。

$$f(\mathbf{x}) = \frac{1}{2\pi\sqrt{\det C}} \exp\left(-\frac{1}{2}\mathbf{x}^{\mathrm{T}}C^{-1}\mathbf{x}\right)$$

ここで、(3-35)より、$\det C = \sigma_1^2\sigma_2^2$ であり、さらにまた、逆行列 C^{-1} は、

$$C^{-1} = \begin{pmatrix} \dfrac{1}{\sigma_1^2} & 0 \\ 0 & \dfrac{1}{\sigma_2^2} \end{pmatrix}$$

で与えられる点に注意してください。このとき、(3-33)より、$f'(\mathbf{x})$ は次のように計算されます。

$$f'(\mathbf{x}) = f(R\mathbf{x}) = \frac{1}{2\pi\sqrt{\det C}} \exp\left(-\frac{1}{2}\mathbf{x}^{\mathrm{T}}R^{\mathrm{T}}C^{-1}R\mathbf{x}\right) \tag{3-36}$$

※15　具体的な計算例については、p.146「3.5　演習問題」問5を参照。

一方、(3-34)の両辺について逆行列を取ると、

$$C'^{-1} = R^{-1}C^{-1}R = R^{\mathrm{T}}C^{-1}R$$

が成り立ちます。これを用いると、(3-36)における指数関数の引数部分をC'^{-1}で書き直すことができます。さらに、(3-34)より、

$$\det C' = \det R^{-1} \cdot \det C \cdot \det R = \det C$$

が成り立ちます。回転行列Rは、面積を変えない一次変換なので、$\det R = 1$となる点に注意してください。これを用いると、(3-36)の前半部分にある$\det C$を$\det C'$に置き換えることができます。つまり、$f'(\mathbf{x})$は、分散共分散行列C'だけを用いて、次のようにまとめることができます。

$$f'(\mathbf{x}) = \frac{1}{2\pi\sqrt{\det C'}} \exp\left(-\frac{1}{2}\mathbf{x}^{\mathrm{T}}C'^{-1}\mathbf{x}\right)$$

最後に、この関数を$\boldsymbol{\mu} = (\mu_1, \mu_2)^{\mathrm{T}}$だけ平行移動すると、(3-28)を拡大、回転、平行移動した、完全に一般的な2次元正規分布が得られることになります。回転後の分散共分散行列をあらためて、記号Cで表わして、関数名をfに戻すと、次の最終結果が得られます。

$$f(\mathbf{x}) = \frac{1}{2\pi\sqrt{\det C}} \exp\left\{-\frac{1}{2}(\mathbf{x}-\boldsymbol{\mu})^{\mathrm{T}}C^{-1}(\mathbf{x}-\boldsymbol{\mu})\right\} \quad (3\text{-}37)$$

ここまでの導出からわかるように、この同時密度関数は、期待値$\boldsymbol{\mu}$、分散共分散行列Cの確率分布を表わします。一般に、これを2次元正規分布と呼びます▶定理23。逆に言うと、期待値$\boldsymbol{\mu}$と分散共分散行列Cが与えられると、対応する2次元正規分布は(3-37)によって一意に決まります。

2次元正規分布の周辺確率と条件付き確率密度関数

本文の中で、一般に、2次元正規分布の周辺確率と条件付き確率密度関数は、必ず（1次元の）正規分布になると説明しました。これは、(3-37)の同時密度関数に対して、(3-30)、および、(3-32)の定義に従って計算した結果が、適当なμとσ^2を用いて、(3-26)の形にまとめられることを意味します。複雑な計算が必要と思うかもしれませんが、基本的には、巧妙な変数変換のもとに、ガウス積分の公式(3-23)を適用していくと必要な結果が得られます。

ここでは簡単に結論だけをまとめると、周辺確率については、2次元正規分布のX_1, X_2それぞれの方向の期待値と分散がそのまま引き継がれます。つまり、X_1についての周辺確率$f_1(x_1)$は、正規分布$N(\mu_1, C_{11})$に従い、X_2についての周辺確率$f_2(x_2)$は、正規分布$N(\mu_2, C_{22})$に従います。

一方、条件付き確率密度関数は、もう少し複雑になります。たとえば、X_2の値をx_2に固定したときの条件付き確率密度関数(3-32)は、期待値が$\mu_1 + \dfrac{C_{12}}{C_{22}}(x_2 - \mu_2)$、分散が$C_{11} - \dfrac{C_{12}^2}{C_{22}}$の正規分布に従います。これは、共分散$C_{12}$の値が大きいほど、$X_1$方向の期待値と分散が、周辺確率（$X_2$の値がいくらであるかを気にしない場合の確率分布）$N(\mu_1, C_{11})$に比べて、大きく修正されることを意味します。図3.15は、この様子を図に表わしたものになります。共分散が大きいということは、X_1とX_2の間に強い直線的な関係があり、2次元正規分布の同時密度関数は細長く伸びた形状になることに注意してください。

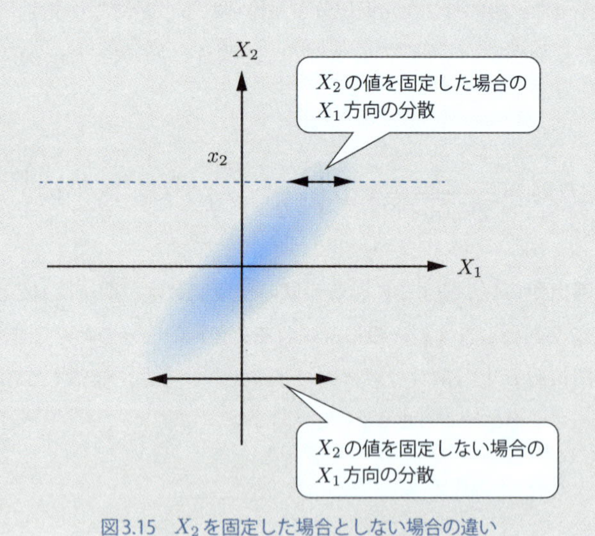

図3.15　X_2を固定した場合としない場合の違い

3.4 主要な定理のまとめ

3

定義13 連続的確率空間

標本空間Ωを非可算無限個の要素を含む集合として、その部分集合の集まり$\mathcal{B}$と$\mathcal{B}$から実数$\mathbf{R}$への写像Pが次の条件を満たすものとする。

B1. $\Omega \in \mathcal{B}$

B2. $A \in \mathcal{B} \ \Rightarrow \ A^{\mathrm{C}} \in \mathcal{B}$

B3. $A_1, A_2, \cdots \in \mathcal{B} \ \Rightarrow \ \bigcup_{i=1}^{\infty} A_i \in \mathcal{B}$

P1. 任意の $A \in \mathcal{B}$ に対して、$P(A) \geq 0$

P2. $P(\Omega) = 1$

P3. $A_1, A_2, \cdots \in \mathcal{B}$ が $A_i \cap A_j = \phi \, (i \neq j)$ を満たすとき、次が成り立つ。

$$P(\bigcup_{i=1}^{\infty} A_i) = \sum_{i=1}^{\infty} P(A_i)$$

このとき、これらの組$(\Omega, \mathcal{B}, P)$を連続的確率空間と呼ぶ。また、Ωの要素ωを根元事象、$\mathcal{B}$の要素を事象、写像Pを確率と呼ぶ。標本空間を非可算無限集合に限定せず、有限、もしくは、可算無限集合を含めて考える場合は、$(\Omega, \mathcal{B}, P)$を確率空間と呼ぶ。

定理16 確率空間の性質

確率空間$(\Omega, \mathcal{B}, P)$は次の性質を満たす。

- P3の要請は有限個の$A_1, \cdots, A_n$についても成り立つ
- 任意の$A_1, A_2, \cdots \in \mathcal{B}$について、$\bigcap_{i=1}^{\infty} A_i \in \mathcal{B}$（有限個の$A_1, \cdots, A_n$についても同様）
- $P(\phi) = 0$
- 任意の$A \in \mathcal{B}$について、$0 \leq P(A) \leq 1$

- 任意の $A \in \mathcal{B}$ について、$P(A^{\mathrm{C}}) = 1 - P(A)$
- 任意の $A_1,\ A_2 \in \mathcal{B}$ について、$A_1 \subset A_2 \ \Rightarrow\ P(A_1) \leq P(A_2)$
- 任意の $A_1,\ A_2 \in \mathcal{B}$ について、$P(A_1 \cup A_2) = P(A_1) + P(A_2) - P(A_1 \cap A_2)$
- 任意の $A_1,\ A_2, \cdots \in \mathcal{B}$ について、$P(\bigcup_{i=1}^{\infty} A_i) \leq \sum_{i=1}^{\infty} P(A_i)$（有限個の $A_1, \cdots,$ A_n についても同様）

定義14 連続型の確率変数

連続的確率空間 $(\Omega,\ \mathcal{B},\ P)$ において、標本空間 Ω から実数 $\mathbf{R}$（より一般には、n 個の実数の組 $\mathbf{R}^n$）への写像 X を確率変数と言う。

$\mathbf{R}$ の任意の部分集合 A に対して、Ω の部分集合 Ω_A を次で定義する。

$$\Omega_A = \{\omega \in \Omega \mid X(\omega) \in A\}$$

このとき、$\Omega_A \in \mathcal{B}$ となる A を集めたものを $\mathcal{B}_X$ として、$A \in \mathcal{B}_X$ に対する確率 $P_X(A)$ を次で定義すると $(\mathbf{R},\ \mathcal{B}_X,\ P_X)$ は確率空間となる[※16]。

$$P_X(A) = P(\Omega_A)$$

特に X の値域 $\mathrm{Im}\,X$ が非可算無限集合となるとき、X を連続型の確率変数と言う。連続型の確率変数においては、一般に、任意の $x_0 \in \mathbf{R}$ に対して、$A_{x_0} = \{x \in \mathbf{R} \mid x \leq x_0\}$ として、$A_{x_0} \in \mathcal{B}_X$ であることを仮定する。

定義15 累積分布関数

確率空間 $(\Omega,\ \mathcal{B},\ P)$ に対する連続型の確率変数 X があるとき、半区間 $A_a = \{x \in \mathbf{R} \mid x \leq a\}$ に対する確率 $P_X(A_a)$ を考える。このとき、端点 a を変数 x に置き換えて、$P_X(A_x)$ を x の関数とみなしたものを X の累積分布関数と言い、次の記号で表わす。

$$F_X(x) = P_X(A_x)$$

※16　この点の証明については、p.145「3.5　演習問題」問2を参照。

定理17 累積分布関数の性質

$F_X(x)$を確率変数Xの累積分布関数とするとき、次の関係が成り立つ。

$$\lim_{x \to -\infty} F_X(x) = 0$$
$$\lim_{x \to \infty} F_X(x) = 1$$

また、$A_{ab} = \{x \in \mathbf{R} \mid a < x \leq b\}$として、次の関係が成り立つ。

$$P_X(A_{ab}) = F_X(b) - F_X(a)$$

定義16 確率密度関数

連続型の確率変数Xにおいて、任意の区間$A_{ab} = \{x \in \mathbf{R} \mid a < x \leq b\}$に対して、

$$P_X(A_{ab}) = \int_a^b f(x)\, dx$$

を満たす関数$f(x)$が存在するとき、これをXの確率密度関数と言う。確率密度関数は、次の条件を満たす。

- 任意の$x \in \mathbf{R}$について、$f(x) \geq 0$
- $\displaystyle\int_{-\infty}^{\infty} f(x)\, dx = 1$

定義17 連続型の確率変数の期待値・分散・標準偏差

Xを連続型の確率変数、$f(x)$をXの確率密度関数とするとき、次で計算される値を期待値$E(X)$、および、分散$V(X)$と呼ぶ。

$$E(X) = \int_{-\infty}^{\infty} x f(x)\, dx$$
$$V(X) = \int_{-\infty}^{\infty} \{x - E(X)\}^2 f(x)\, dx$$

さらに、分散の平方根$\sqrt{V(X)}$を標準偏差と呼ぶ。これらは離散型の確率変数と同様に、「2.5 主要な定理のまとめ」に示した次の性質を満たす。

- ▶定理8 期待値の線形性（p.88）
- ▶定理9 分散の性質（p.88）
- ▶定理13 確率変数の正規化（p.90）
- ▶定理14 チェビシェフの不等式（p.92）
- ▶定理15 大数の法則（p.93）

定義18 同時密度関数

$\mathbf{R}$ に値を取る連続型の確率変数 $X_1,\ X_2$ に対して、$\mathbf{R}^2$ に値を取る確率変数 $W = (X_1,\ X_2)$ を定義する。さらに、$\mathbf{R}^2$ の部分集合 A を次で定義する。

$$A = \{(x_1,\ x_2) \in \mathbf{R}^2 \mid a_1 < x_1 \le b_1,\ a_2 < x_2 \le b_2\}$$

このとき、任意の A に対して、

$$P_W(A) = \iint_A f(x_1,\ x_2)\,dx_1 dx_2$$

を満たす関数 $f(x_1,\ x_2)$ が存在するとき、これを $X_1,\ X_2$ の同時密度関数と言う。同時密度関数は、次の条件を満たす。

- 任意の $(x_1,\ x_2) \in \mathbf{R}^2$ について、$f(x_1,\ x_2) \ge 0$
- $\iint_{\mathbf{R}^2} f(x_1,\ x_2)\,dx_1 dx_2 = 1$

定理18 複数の確率変数を組み合わせた期待値

$X_1,\ X_2$ を連続型の確率変数とするとき、$X'(\omega) = X_1(\omega)\,X_2(\omega)$ で確率変数 X' を定義すると、$W = (X_1,\ X_2)$ の同時密度関数を $f(x_1,\ x_2)$ として、次の関係が成り立つ。

$$E(X') = \iint_{\mathbf{R}^2} x_1 x_2 f(x_1,\ x_2)\,dx_1 dx_2$$

一般には、X_1 と X_2 を組み合わせた任意の関数を $X'(\omega) = g(X_1(\omega),\ X_2(\omega))$ とし

て、次が成り立つ。

$$E(X') = \iint_{\mathbf{R}^2} g(x_1,\, x_2) f(x_1,\, x_2)\, dx_1 dx_2$$

定義19 連続型の確率変数の共分散と相関係数

連続型の確率変数 $X_1,\, X_2$ に対する共分散と相関係数は、離散型の確率変数と同様に次式で定義される。

$$\mathrm{Cov}(X_1,\, X_2) = E((X_1 - E(X_1))(X_2 - E(X_2)))$$
$$\rho(X_1,\, X_2) = \frac{\mathrm{Cov}(X_1,\, X_2)}{\sqrt{V(X_1)V(X_2)}}$$

分散共分散行列 C についても同様に、

$$C_{ij} = E((X_i - E(X_i))(X_j - E(X_j)))$$

と置いて、C_{ij} を $(i,\, j)$ 成分とする次の対称行列として定義される。

$$C = \begin{pmatrix} V(X_1) & \mathrm{Cov}(X_1,\, X_2) \\ \mathrm{Cov}(X_2,\, X_1) & V(X_2) \end{pmatrix}$$

共分散 $\mathrm{Cov}(X_1,\, X_2)$ は、離散型の確率変数と同様に、「2.5　主要な定理のまとめ」の▶定理11 共分散の性質を満たす。

定理19 独立な確率変数

連続型の確率変数 $X_1,\, X_2$ が独立であることは、$X_1,\, X_2$ それぞれの確率密度関数を $f_1(x_1),\, f_2(x_2)$ として、次が成り立つことと同値である。

$$f(x_1,\, x_2) = f_1(x_1) f_2(x_2)$$

ここに、$f(x_1,\, x_2)$ は確率変数 $W = (X_1,\, X_2)$ の同時密度関数である。また、離散型の確率変数と同様に、「2.5　主要な定理のまとめ」の▶定理12 独立な確率変数の性質が成り立つ。

定理20　連続型の確率変数の周辺確率

連続型の確率変数 $(X_1,\ X_2)$ の同時密度関数を $f(x_1,\ x_2)$ とするとき、$X_1,\ X_2$ それぞれの密度関数を $f_1(x_1),\ f_2(x_2)$ として、次の関係が成り立つ。

$$f_1(x_1) = \int_{-\infty}^{\infty} f(x_1,\ x_2)\,dx_2$$

$$f_2(x_2) = \int_{-\infty}^{\infty} f(x_1,\ x_2)\,dx_1$$

定義20　条件付き確率密度関数

連続型の確率変数 $(X_1,\ X_2)$ の同時密度関数を $f(x_1,\ x_2)$、$X_1,\ X_2$ それぞれの確率密度関数を $f_1(x_1),\ f_2(x_2)$ とするとき、$f_2(x_2) > 0$ を満たす x_2 を固定して、x_1 の関数を次で定義する。

$$f(x_1 \mid x_2) = \frac{f(x_1,\ x_2)}{f_2(x_2)}$$

これを X_2 が与えられたときの X_1 の条件付き確率密度関数と言う。

定理21　条件付き確率密度関数の性質

条件付き確率密度関数 $f(x_1 \mid x_2)$ は、次の確率密度関数としての条件を満たす。

- 任意の $x_1 \in \mathbf{R}$ について、$f(x_1 \mid x_2) \geq 0$
- $\displaystyle\int_{-\infty}^{\infty} f(x_1 \mid x_2)\,dx_1 = 1$

また、ベイズの定理に対応した次の関係を満たす。

$$f(x_2 \mid x_1) = \frac{f(x_1 \mid x_2)f_2(x_2)}{f_1(x_1)} = \frac{f(x_1 \mid x_2)f_2(x_2)}{\displaystyle\int_{-\infty}^{\infty} f(x_1,\ x_2)\,dx_2}$$

定義21 標準正規分布

連続型の確率変数Xが次の確率密度関数を持つとき、Xは標準正規分布に従うと言う。

$$f(x) = \frac{1}{\sqrt{2\pi}} \exp\left(-\frac{x^2}{2}\right)$$

このとき、Xの期待値と分散は、$E(X) = 0,\ V(X) = 1$となる。

定義22 一般の正規分布

連続型の確率変数Xが次の確率密度関数を持つとき、Xは正規分布$N(\mu,\ \sigma)$に従うと言う。

$$f(x) = \frac{1}{\sqrt{2\pi\sigma^2}} \exp\left\{-\frac{(x-\mu)^2}{2\sigma^2}\right\}$$

このとき、Xの期待値と分散は、$E(X) = \mu,\ V(X) = \sigma^2$となる。

定義23 2次元標準正規分布

連続型の確率変数$(X_1,\ X_2)$が次の同時密度関数を持つとき、$(X_1,\ X_2)$は2次元標準正規分布に従うと言う。

$$f(x_1,\ x_2) = \frac{1}{2\pi} \exp\left\{-\frac{1}{2}(x_1^2 + x_2^2)\right\}$$

このとき、X_1とX_2は独立で、期待値$E(X_1) = E(X_2) = 0$、分散$V(X_1) = V(X_2) = 1$となる。

定理22 分散共分散行列の変換公式

連続型の確率変数$(X_1,\ X_2)$は、期待値$E(X_1) = E(X_2) = 0$で、分散共分散行列Cは次式で与えられるものとする。

$$C = \begin{pmatrix} \sigma_1^2 & 0 \\ 0 & \sigma_2^2 \end{pmatrix}$$

ここで、$(X_1,\ X_2)$を角 $-\theta$ だけ回転した確率変数$(X_1',\ X_2')$を次式で定義する。

$$\begin{pmatrix} X_1' \\ X_2' \end{pmatrix} = R^{-1} \begin{pmatrix} X_1 \\ X_2 \end{pmatrix} = R^{\mathrm{T}} \begin{pmatrix} X_1 \\ X_2 \end{pmatrix}$$

ここに、Rは、次で定義される回転行列（角 θ の回転を表わす一次変換の行列）である。

$$R = \begin{pmatrix} \cos\theta & -\sin\theta \\ \sin\theta & \cos\theta \end{pmatrix}$$

このとき、$(X_1',\ X_2')$の分散共分散行列をC'として、次の関係が成り立つ。

$$C' = R^{\mathrm{T}}CR = R^{-1}CR$$

定理23 一般の2次元正規分布

2次元標準正規分布に従う確率変数に対して、次の変換を適用したものとする。

- X_1 方向と X_2 方向にそれぞれ σ_1 倍、σ_2 倍に拡大する
- 原点を中心に角 $-\theta$ だけ回転する
- $\boldsymbol{\mu} = (\mu_1,\ \mu_2)$だけ平行移動する

このとき、変換後の確率変数$(X_1,\ X_2)$の同時密度関数は、$\mathbf{x} = (x_1,\ x_2)^{\mathrm{T}}$ として、次式で与えられる。

$$f(\mathbf{x}) = \frac{1}{2\pi\sqrt{\det C}} \exp\left\{ -\frac{1}{2}(\mathbf{x}-\boldsymbol{\mu})^{\mathrm{T}} C^{-1} (\mathbf{x}-\boldsymbol{\mu}) \right\}$$

ここに、Cは変換後の分散共分散行列を表わしており、▶定理22のC'に一致する。一般に、このような同時密度関数を持つ確率変数は、2次元正規分布に従うと言う。

3.5 演習問題

問1 (1) 連続的確率空間 $(\Omega, \mathcal{B}, P)$ において、任意の $A_1, A_2 \in \mathcal{B}$ について、次の関係が成り立つことを示せ。

$$P(A_1 \cup A_2) = P(A_1) + P(A_2) - P(A_1 \cap A_2)$$

(2) 連続的確率空間 $(\Omega, \mathcal{B}, P)$ において、任意の $A_1, A_2, \cdots \in \mathcal{B}$ について、次の関係が成り立つことを示せ。

$$P(\bigcup_{i=1}^{\infty} A_i) \leq \sum_{i=1}^{\infty} P(A_i)$$

問2 連続的確率空間 $(\Omega, \mathcal{B}, P)$ において、実数値 $\mathbf{R}$ に値を取る確率変数 X があるとき、$\mathbf{R}$ の任意の部分集合 A に対して、Ω の部分集合 Ω_A を次で定義する。

$$\Omega_A = \{\omega \in \Omega \mid X(\omega) \in A\}$$

このとき、$\Omega_A \in \mathcal{B}$ となる A を集めたものを $\mathcal{B}_X$ とする。さらに、$A \in \mathcal{B}_X$ に対する確率 $P_X(A)$ を次で定義する。

$$P_X(A) = P(\Omega_A)$$

このとき、$(\mathbf{R}, \mathcal{B}_X, P_X)$ は、確率空間の定義におけるB1〜B3、および、P1〜P3の要請を満たしており、確率空間を構成することを示せ。

問3　確率密度関数 $f(x)$ で表わされる連続型の確率変数 X がある。X の期待値と標準偏差を μ および σ として、次で定義される確率変数 W を考える。

$$W = \frac{X - \mu}{\sigma}$$

(1) W が区間 $[a, b] \subset \mathbf{R}$ の値を取る確率を $f(x)$ の定積分で表わせ。

(2) (1) の結果を区間 $[a, b]$ における定積分に書き直すことで、W の確率密度関数 $f_W(x)$ を $f(x)$ を用いて表わせ。

(3) X が正規分布に従う場合、W は標準正規分布（期待値0、分散1の正規分布）に従うことを示せ。

問4　ある植物の果実の重さは、期待値172グラム、標準偏差5.5グラムの正規分布に従う。次に取れる果実の重さが 172 ± 5.5 グラムの範囲に含まれる確率を求めよ。このとき、次の定積分の値を用いてかまわない。

$$\frac{1}{\sqrt{2\pi}} \int_1^{\infty} \exp\left(-\frac{x^2}{2}\right) \fallingdotseq 0.1587$$

問5　(1) 2次元正規分布に従う確率変数 (X_1, X_2) は、期待値が $E(X_1) = 0$, $E(X_2) = 0$ で、分散共分散行列 C が次式で与えられるとする。

$$C = \begin{pmatrix} \sigma_1^2 & 0 \\ 0 & \sigma_2^2 \end{pmatrix}$$

このとき、次で定義される確率変数 (X_1', X_2') の分散共分散行列を求めよ。

$$\begin{pmatrix} X_1' \\ X_2' \end{pmatrix} = R^{-1} \begin{pmatrix} X_1 \\ X_2 \end{pmatrix}$$

ここに、Rは次式で定義される回転行列とする。

$$R = \begin{pmatrix} \cos\dfrac{\pi}{4} & -\sin\dfrac{\pi}{4} \\ \sin\dfrac{\pi}{4} & \cos\dfrac{\pi}{4} \end{pmatrix} = \begin{pmatrix} \dfrac{1}{\sqrt{2}} & -\dfrac{1}{\sqrt{2}} \\ \dfrac{1}{\sqrt{2}} & \dfrac{1}{\sqrt{2}} \end{pmatrix}$$

(2) 2次元正規分布に従う確率変数(X_1, X_2)は、期待値が$E(X_1) = 0$, $E(X_2) = 0$で、分散共分散行列Cが次式で与えられるとする。

$$C = \begin{pmatrix} \sigma_1^2 & 0 \\ 0 & \sigma_2^2 \end{pmatrix}$$

また、Rを回転行列（$\det R = 1$の直交行列）として、新しい確率変数(X_1', X_2')を次式で定義する。

$$\begin{pmatrix} X_1' \\ X_2' \end{pmatrix} = R^{-1} \begin{pmatrix} X_1 \\ X_2 \end{pmatrix}$$

このとき、(X_1, X_2)の分散共分散行列C'が次になるようなRを求めよ。

$$C' = \begin{pmatrix} \sigma_2^2 & 0 \\ 0 & \sigma_1^2 \end{pmatrix}$$

(3) 2次元正規分布に従う確率変数(X_1, X_2)は、期待値が$E(X_1) = 0$, $E(X_2) = 0$で、分散共分散行列Cが次式で与えられるとする。

$$C = \begin{pmatrix} 5 & 2 \\ 2 & 2 \end{pmatrix}$$

また、Rを回転行列（$\det R = 1$の直交行列）として、新しい確率変数(X'_1, X'_2)を次式で定義する。

$$\begin{pmatrix} X'_1 \\ X'_2 \end{pmatrix} = R^{-1} \begin{pmatrix} X_1 \\ X_2 \end{pmatrix}$$

このとき、共分散$\mathrm{Cov}(X'_1, X'_2) = 0$が成り立つとして、回転行列$R$と$X'_1, X'_2$の分散$V(X'_1), V(X'_2)$をそれぞれ求めよ。

パラメトリック推定と仮説検定

本書ではこれまで、「コンピューターの乱数によるシミュレーションで現実世界の不確定な現象を再現する」ことを確率モデルの目標として、確率空間によって、そのようなモデルを構築する方法を説明してきました。連続的確率空間の場合、根元事象 ω そのものの確率 $P(\{\omega\})$ が計算できないという難しさはありますが、少なくとも、実際に発生する根元事象が、ある集合（事象）$A \in \mathcal{B}$ に含まれる確率は計算できるので、これによって、確率モデルから計算される結果と実際の観測結果を比較することはできます。本章では、この次のステップとして、現実の観測結果（観測データ）を用いて、それに適合する確率モデル、すなわち、確率空間を構成する手法（パラメトリック推定）、さらには、自分が構成した確率モデルを観測データに照らし合わせて、そのモデルを受け入れるかどうかを判定する手続き（仮説検定）を説明します。

4-1 最尤推定法と不偏推定量

実際の観測データをもとにして、それに適合する確率空間を構成するといっても、有限個のデータから、それに対応する確率空間を正確に再現するのはなかなか困難な作業です。もちろん、観測データが1つだけであれば、そのデータが得られる確率が1（その他のデータが得られる確率は0）になる確率空間を用意すれば、見かけ上は、対応する確率空間を構成することができます。しかしながら、このような確率空間を用いて、何か有用な計算ができるとは思えません※1。

一方、これまでの演習問題にもあったように、現実に観測される数値データには、ポアソン分布や正規分布など、特定の確率分布に従うことが経験的に知られているものがあります。そのような場合、ポアソン分布であれば期待値 λ、正規分布であれば期待値 μ と分散 σ^2 など、確率分布に含まれるパラメーターの値を観測データから決定するという方法で、現実に役立つ確率モデルを構成することができます。この場合、実際に決定されるのは、確率分布（確率関数 $p_X(x)$、もしくは、確率密度関数 $f(x)$）の関数形のみであり、その背後にある確率空間の構造まではわかりません。しかしながら、確率分布が決まれば、観測データに対するさまざまな予測が可能になるため、実用上はこれで十分と考えるのです。

このように、確率分布に含まれるパラメーターを観測データから推定する手法を一般

※1　機械学習の世界で言えば、機械学習モデルが学習データに過剰に適合して、その他のデータに対する予測性能が損なわれる「過学習」の状態に相当します。

にパラメトリック推定と言います。また、あるパラメーターθの値を推定する際は、「θの値は区間$[a, b]$に含まれているはず」と区間で推定する場合と、「θの値はθ_0である」と特定の値を推定する場合があり、それぞれ、区間推定、および、点推定と呼ばれます。ここでは特に、点推定の手法として、実用的によく利用される最尤(さいゆう)推定法を説明します。

一例として、ポアソン分布に従うと考えられる、図4.1のようなN個の観測データ$\{x^{(i)}\}_{i=1}^{N}$があったとします。横軸は観測データ$x^{(i)}$の値で、縦軸は該当の値を持つデータの個数です。ポアソン分布は、次の確率関数を持つ、離散型の確率分布でした。

$$p_X(x) = e^{-\lambda}\frac{\lambda^x}{x!}$$

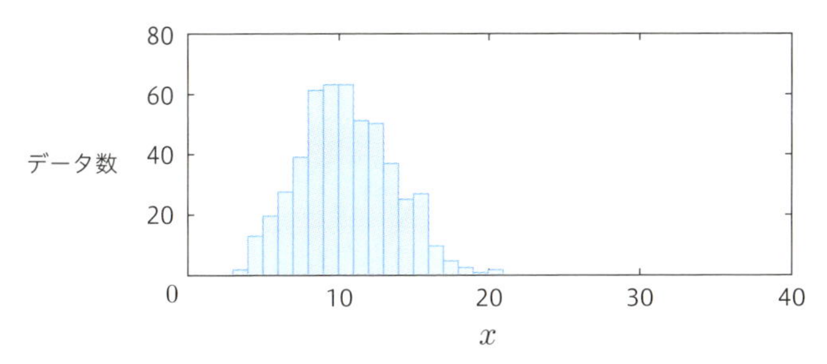

図4.1　ポアソン分布に従う観測データの例

ここでは、期待値λの値が未知であり、これを点推定で決定しようとしています。この場合、観測データが集まった中央付近に期待値λがあるものと想像できますが、λの値を実際に決定するには、何か具体的な方針を立てる必要があります。最尤推定法では、λが決まったものと仮定して、これらの観測データが得られる確率を計算します。より正確には、個々の観測データ$\{x^{(i)}\}_{i=1}^{N}$をi.i.d.とみなした確率変数$X_1, \cdots, X_N$の実現値と考えて、各データの出現確率$p_{X_i}(x^{(i)})$の積として、これらすべてのデータが得られる同時確率$P(\lambda)$を計算します※2。

※2　i.i.d.の考え方については、p.80「2.4　大数の法則」の説明を参照してください。

$$
\begin{aligned}
P(\lambda) = p_{X_1}(x^{(1)}) \cdots p_{X_N}(x^{(N)}) &= \left(e^{-\lambda}\frac{\lambda^{x^{(1)}}}{x^{(1)}!}\right) \cdots \left(e^{-\lambda}\frac{\lambda^{x^{(N)}}}{x^{(N)}!}\right) \\
&= e^{-N\lambda}\frac{\lambda^{x^{(1)}+\cdots+x^{(N)}}}{x^{(1)}!\cdots x^{(N)}!}
\end{aligned}
\tag{4-1}
$$

ここで、確率$P(\lambda)$の引数にλが含まれているのは、λの値を変化させると、それにあわせて確率Pも変化することを強調するためです。このように、全データが得られる確率Pを推定対象のパラメーターの関数とみなしたものを**尤度関数**と言います。そして、最尤推定法では、尤度関数の値を最大にするパラメーターの値を求めて、これをそのパラメーターの推定値として採用します。図4.2では、異なるλについて、ポアソン分布の確率関数$p_X(x)$の値を重ねて示していますが、この例からわかるように、λの値が観測データから大きくはずれた場所にあるとすると、このようなデータが得られる確率は極端に小さくなります。尤度関数を最大化することで、パラメーターの値をデータにフィットさせようというのが、最尤推定法の考え方になります。

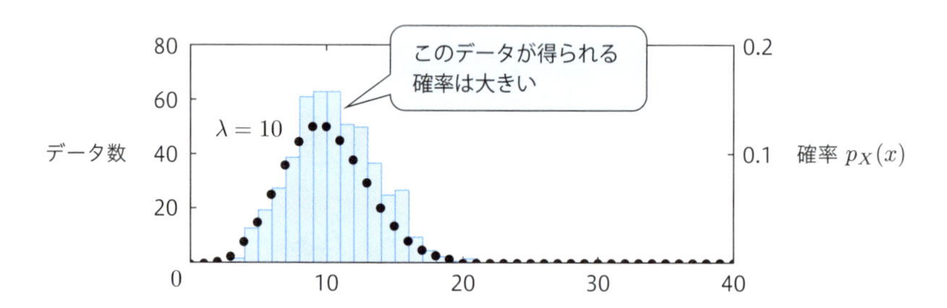

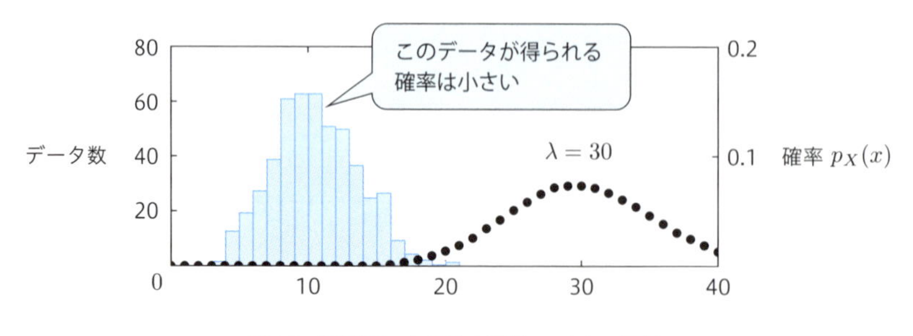

図4.2　観測データと確率関数$p_X(x)$の比較

もちろんこれは、考えうる方針の一例であって、最尤推定法で得られた推定値が必ずしも一番うまく機能する（実際のパラメーターの値に最も近い推定値を与える）とは限りません。最尤推定法だけに限らず、さまざまな推定手法の良し悪しを比較する理論を構築することも統計学の重要な役割です。ただし、そのような一般論は本書の範疇を超えるため、ここでは、まずは、最尤推定法によってどのような結果が得られるのかを確認してみます。また、この後で、推定量の好ましい性質の1つである不偏性について解説します。

(4-1)を最大にするλを計算する際は、はじめに、尤度関数$P(\lambda)$の対数を取ると便利です。対数の公式を用いて計算すると、今の場合、次の結果が得られます。

$$\begin{aligned}\log_e P(\lambda) &= \log_e e^{-N\lambda} + \log_e \lambda^{x^{(1)}+\cdots+x^{(N)}} - \log_e \left(x^{(1)}!\cdots x^{(N)}!\right) \\ &= -N\lambda + (x^{(1)} + \cdots + x^{(N)}) \log_e \lambda - \log_e \left(x^{(1)}!\cdots x^{(N)}!\right)\end{aligned}$$

4

対数関数$\log_e x$は単調増加な関数なので、$P(\lambda)$を最大にするλを求めることは、$\log_e P(\lambda)$を最大にするλを求めることと同値になります。一般に、尤度関数の対数を取ったものを**対数尤度関数**（ゆうど）と呼びますが、特に、この形にすることでパラメーターλに対する依存性が明確になります。上記の例では、最後の項はλを含まないため、$\log_e P(\lambda)$を最大にするλは、その前の2項によって決まることになります。

具体的には、$\log_e P(\lambda)$の導関数を求めて、それが0になるという条件から、λを決定することができます。今の場合、導関数は次式になります。

$$\frac{d}{d\lambda}\log_e P(\lambda) = -N + \frac{x^{(1)} + \cdots + x^{(N)}}{\lambda}$$

したがって、$\frac{d}{d\lambda}\log_e P(\lambda) = 0$より、$\lambda$は次のように決定されます。

$$\lambda = \frac{1}{N}(x^{(1)} + \cdots + x^{(N)}) \tag{4-2}$$

(4-2)の結果を見ると、これは観測データの平均値を計算したものに一致することがわかります。期待値を推定するのに観測データの平均値を用いるというのは、大数の法則を考えると、ある意味自然で当たり前とも言える結果です。まずは、最尤推定法が決して的外れな手法ではないことが理解できると思います。ポアソン分布のパラメー

ター λ の場合は、期待値を表わすことがあらかじめわかっているので、はじめから平均値で推定すると決めてもかまいませんが、最尤推定法が便利なのは、何を表わすのかが不明瞭なパラメーターに対しても適用できることです。尤度関数が決定できれば、それを最大化するという条件で機械的にパラメーターの値を決定できることから、実用的によく利用される手法となっています。

次は、連続型の確率変数に最尤推定法を適用してみます。正規分布に従うと考えられる、N 個の観測データ $\{x^{(i)}\}_{i=1}^N$ があったとして、これから、正規分布の期待値 μ と分散 σ^2 を推定します。最尤推定法の考え方そのものは同じですが、連続型の確率変数では、確率関数 $p_X(x)$ の代わりに、確率密度関数 $f(x)$ を用いる点が異なります。まず、正規分布の確率密度関数は、次で与えられました。

$$f(x) = \frac{1}{\sqrt{2\pi\sigma^2}} \exp\left\{-\frac{(x-\mu)^2}{2\sigma^2}\right\}$$

尤度関数は、次のように、それぞれの観測データに対する $f(x)$ の値の積として定義されます。

$$\begin{aligned} P(\mu,\,\sigma^2) &= f(x^{(1)}) \cdots f(x^{(N)}) \\ &= \left(\frac{1}{\sqrt{2\pi\sigma^2}} \exp\left\{-\frac{(x^{(1)}-\mu)^2}{2\sigma^2}\right\}\right) \cdots \left(\frac{1}{\sqrt{2\pi\sigma^2}} \exp\left\{-\frac{(x^{(N)}-\mu)^2}{2\sigma^2}\right\}\right) \\ &= \left(\frac{1}{2\pi\sigma^2}\right)^{\frac{N}{2}} \exp\left[-\frac{1}{2\sigma^2}\left\{(x^{(1)}-\mu)^2 + \cdots + (x^{(N)}-\mu)^2\right\}\right] \end{aligned} \quad (4\text{-}3)$$

$f(x)$ の値は確率そのものではないので、上記の $P(\mu,\,\sigma^2)$ は、厳密な意味で確率を表わすわけではありませんが、離散型の確率変数における尤度関数 (4-1) と同じ役割を果たすことは理解できるでしょう。今の場合、推定するべきパラメーターは、μ と σ^2 の２つなので、尤度関数はこれらの２変数関数となります。

この後の計算手順は、離散型の確率変数と同じです。はじめに、尤度関数 (4-3) の対数を取り、対数尤度関数を計算します。

$$\log_e P(\mu,\,\sigma^2) = \frac{N}{2}\log_e \frac{1}{2\pi\sigma^2} - \frac{1}{2\sigma^2}\left\{(x^{(1)}-\mu)^2 + \cdots + (x^{(N)}-\mu)^2\right\}$$

次に、この後の微分計算を簡単にするために、$\beta = \dfrac{1}{\sigma^2}$ で分散 σ^2 を精度 β に変数変換します[※3]。

$$\begin{aligned}\log_e P(\mu,\,\beta) &= \frac{N}{2}\log_e \frac{\beta}{2\pi} - \frac{\beta}{2}\left\{(x^{(1)}-\mu)^2+\cdots+(x^{(N)}-\mu)^2\right\}\\ &= \frac{N}{2}(\log_e\beta - \log_e 2\pi) - \frac{\beta}{2}\left\{(x^{(1)}-\mu)^2+\cdots+(x^{(N)}-\mu)^2\right\}\end{aligned} \tag{4-4}$$

この場合、$\log_e P(\mu,\,\beta)$ を最大にする μ と β を求めた後に、$\sigma^2 = \dfrac{1}{\beta}$ で対応する σ^2 を決定することができます。ここで、(4-4)を μ と β のそれぞれで偏微分したものを0と置くことで、対数尤度関数を最大にする μ と β を決定します。まず、それぞれによる偏微分の結果は、次のようになります。

$$\begin{aligned}\frac{\partial}{\partial\mu}\log_e P(\mu,\,\beta) &= \beta\left\{(x^{(1)}-\mu)+\cdots+(x^{(N)}-\mu)\right\}\\ &= \beta\left\{(x^{(1)}+\cdots+x^{(N)})-N\mu\right\}\\ \frac{\partial}{\partial\beta}\log_e P(\mu,\,\beta) &= \frac{N}{2\beta} - \frac{1}{2}\left\{(x^{(1)}-\mu)^2+\cdots+(x^{(N)}-\mu)^2\right\}\end{aligned}$$

これらを0と置くことで、μ と $\sigma^2 = \dfrac{1}{\beta}$ は次のように決まります。

$$\mu = \frac{1}{N}(x^{(1)}+\cdots+x^{(N)}) \tag{4-5}$$

$$\sigma^2 = \frac{1}{\beta} = \frac{1}{N}\left\{(x^{(1)}-\mu)^2+\cdots+(x^{(N)}-\mu)^2\right\} \tag{4-6}$$

ここで、(4-6)を計算する際は、(4-5)から決まった μ の推定値を用いる点に注意してください。これらの結果は、いわゆる標本平均と標本分散に一致しています。(4-5)は観測データの平均値そのもので、(4-6)は平均値からの「ズレ」の2乗を平均した値になります。ポアソン分布の場合と同様に、こちらもまた、直感的に納得のいく結果が得られました。

※3　一般に、分散の逆数を精度と言います。

ポアソン分布に対する(4-2)、あるいは、正規分布に対する(4-5) (4-6)の関係式は、観測データ$\{x^{(i)}\}_{i=1}^{N}$を用いてパラメーターの推定値を計算するものですが、一般にこのような関係式を**推定量**と言います。これらは、i.i.d.である確率変数$X_1,\cdots,X_n$の実現値から計算されるものなので、推定量自身もこれらを組み合わせた確率変数とみなすことができます。(4-2)の例であれば、

$$\overline{\lambda}(X_1,\cdots,X_n)=\frac{1}{N}(X_1+\cdots+X_n)$$

であり、λの推定値は、確率変数$\overline{\lambda}$に従って、確率的に決定されることになります。$\overline{\lambda}(X_1,\cdots,X_n)$のように、推定のために用いられる確率変数が「推定量」であり、観測データから得られる$\overline{\lambda}$の具体的な値を「推定値」と呼んでいる点に注意してください。一般に、確率変数としての推定量は、$X=\{X_i\}_{i=1}^{N}$として、$t(X)$と表わすことができます。正規分布に対する(4-5) (4-6)を同様に確率変数として書き直すと、次のようになります。

$$\overline{\mu}(X)=\frac{1}{N}(X_1+\cdots+X_n) \tag{4-7}$$

$$\overline{\sigma^2}(X)=\frac{1}{N}\left\{(X_1-\overline{\mu}(X))^2+\cdots+(X_n-\overline{\mu}(X))^2\right\} \tag{4-8}$$

(4-8)に含まれるμは、(4-7)で計算される推定値$\overline{\mu}(X)$である点に注意してください。

そして、このようにして推定量を確率変数とみなすことで、推定量の性質を数学的に議論することが可能になります。たとえば、推定量$t(X)$の期待値$E(t(X))$を計算するとどうなるでしょうか？　今の場合、$X=\{X_i\}_{i=1}^{N}$はN個の観測データを表わすので、これは、「N個のデータを取得してパラメーターの推定値を計算する」という作業を何度も繰り返した際の平均値に対応します。実は、正規分布に対する推定量について、実際にこのような平均値を計算すると、興味深い結果が得られます。図4.3は、期待値0、分散1の正規分布に従う乱数でN個の観測データを生成させた後に、(4-5) (4-6)を用いて、期待値と分散を推定した結果を表わします。Nの値を変化させながら、それぞれのNについて、観測データの取得を2000回ずつ繰り返しました。黒丸が

個々の推定値で、中央付近のラインがそれらの平均値を表わします[※4]。

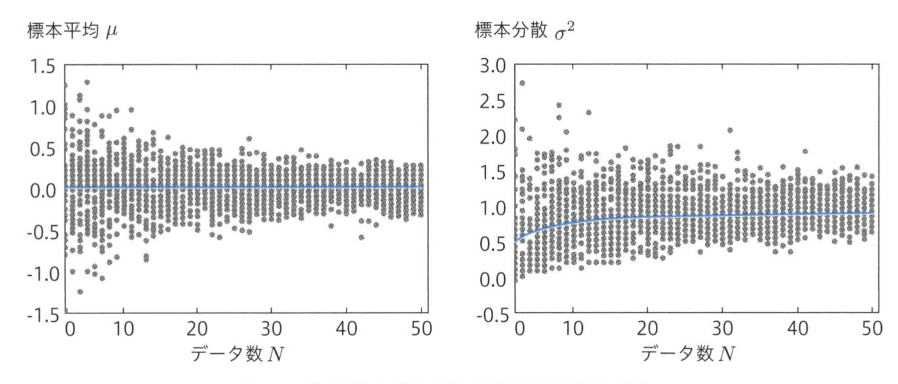

図4.3　標本平均と標本分散の散らばりを示すグラフ

この結果を見ると、観測データ数Nが大きくなると、推定値の散らばりが減っていき、個々の推定値が真の値に近づくことがわかります。期待値μに関して言えば、これは、大数の法則によって期待される結果そのものです。一方、Nが小さい場合を見ると、期待値μと分散σ^2で少し様子が違います。期待値については、真の値（$\mu=0$）を中心として上下に均等に散らばっており、これらの平均値は、真の値にほぼ一致しています。一方、分散については、真の値（$\sigma^2=1$）に対して上下の散らばり方が異なっており、これらの平均値は、真の値よりも小さくなっています（p.158「分散の推定値が偏る原因」も参照）。これは、推定量としてはあまり好ましくない性質かもしれません。一般に、推定量$t(X)$の期待値が推定対象のパラメーターの真の値θに一致する場合、すなわち、

$$E(t(X))=\theta \tag{4-9}$$

が成り立つ場合、$t(X)$を**不偏推定量**と言います[※5]。今の場合、(4-7)の$\overline{\mu}(X)$は不偏推定量であり、(4-8)の$\overline{\sigma^2}(X)$は不偏推定量ではないということになります。

※4　2000個のデータを表示するとグラフが煩雑になるため、ここでは、各Nについて、40個に間引いたものを表示しています。

※5　(4-9)が成り立つかどうかは、パラメーターの真の値θにも依存します。ここでは、θの値によらず、常に(4-9)が成り立つことを要請しています。

分散の推定値が偏る原因

本文の図4.3に示したように、観測データが少ない場合、(4-6)による分散 σ^2 の推定値（標本分散）は、真の値よりも小さくなる傾向があります。この理由は、具体的な観測データを見るとよく理解することができます。図4.4は、データ数が $N=2,\,4,\,10,\,300$ の場合について、乱数で得られたデータとそれに対応する推定結果をグラフに示したものです。破線が真の分布に対応する確率密度関数で、実線が推定値にもとづく確率密度関数を表わします。直感的に言うと、正規分布の分散、すなわち、確率密度関数の「裾野の広がり具合」を正しく見積もるには、裾野部分のデータが必要となりますが、そのようなデータは発生確率も小さいため、取得するデータ数が少ないと裾野部分のデータは得られにくくなります。このため、分散の値が実際よりも小さく見積もられるというわけです。

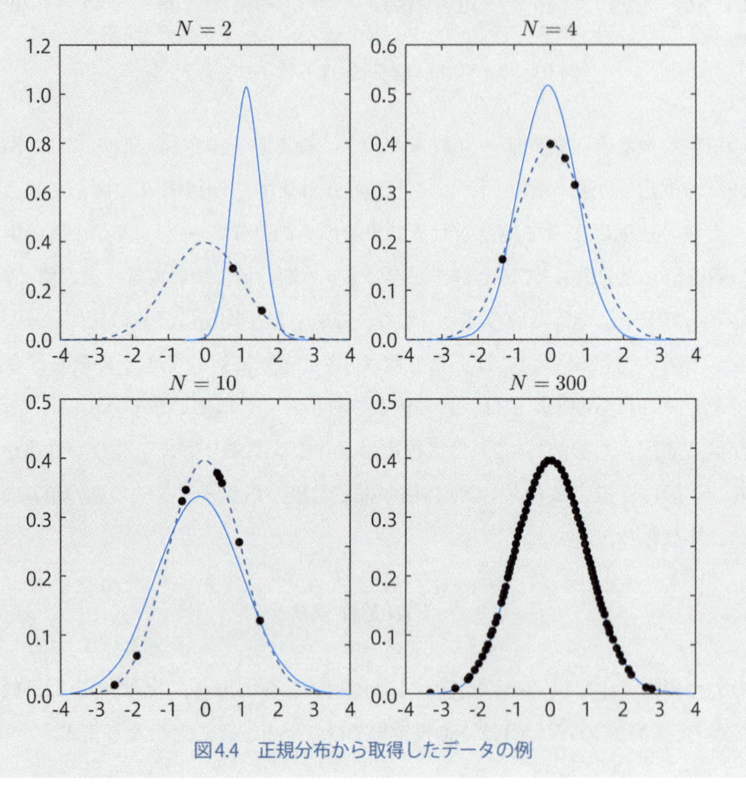

図4.4　正規分布から取得したデータの例

これらの事実は、期待値の性質を用いて、具体的に計算で示すことができます。たとえば、(4-7)について、期待値 $E(\overline{\mu}(X))$ を計算すると次の結果が得られます。

$$\begin{aligned}
E(\overline{\mu}(X)) &= E\left(\frac{1}{N}(X_1 + \cdots + X_N)\right) = \frac{1}{N}\{E(X_1) + \cdots + E(X_n)\} \\
&= \frac{1}{N}(\mu + \cdots + \mu) = \mu
\end{aligned} \quad (4\text{-}10)$$

これより、確かに、$\overline{\mu}(X)$ の期待値は真の値 μ に一致することがわかります。一方、(4-8) についての期待値 $E(\overline{\sigma^2}(X))$ は、次の手順で計算ができます。

$$\begin{aligned}
E(\overline{\sigma^2}(X)) &= E\left(\frac{1}{N}\sum_{i=1}^{N}(X_i - \overline{\mu}(X))^2\right) \\
&= \frac{1}{N}\cdot E\left(\sum_{i=1}^{N}X_i^2 - 2\left\{\sum_{i=1}^{N}X_i\cdot\overline{\mu}(X)\right\} + N\overline{\mu}(X)^2\right) \\
&= \frac{1}{N}\cdot E\left(\sum_{i=1}^{N}X_i^2 - N\overline{\mu}(X)^2\right) \\
&= \frac{1}{N}\sum_{i=1}^{N}E(X_i^2) - E(\overline{\mu}(X)^2)
\end{aligned} \quad (4\text{-}11)$$

ここで、2行目から3行目への変形では、(4-7) の定義から得られる次の関係を用いています。

$$\sum_{i=1}^{N}X_i\cdot\overline{\mu}(X) = \left(\sum_{i=1}^{N}X_i\right)\cdot\overline{\mu}(X) = N\overline{\mu}(X)^2$$

最後に残った2つの項は、次のように計算できます。まず、第1項は、分散の公式 $V(X) = E(X^2) - E(X)^2$ を用いて、次のようになります。

$$\frac{1}{N}\sum_{i=1}^{N}E(X_i^2) = \frac{1}{N}\sum_{i=1}^{N}\left\{V(X_i) + E(X_i)^2\right\} = \sigma^2 + \mu^2$$

第2項については、やや技巧的ですが、次のように式変形を行ないます。

$$
\begin{aligned}
E(\overline{\mu}(X)^2) &= E\left((\overline{\mu}(X)-\mu)^2 + 2\overline{\mu}(X)\cdot\mu - \mu^2\right) \\
&= E\left(\left\{\left(\frac{1}{N}\sum_{i=1}^{N}X_i\right)-\mu\right\}^2\right) + 2E(\overline{\mu}(X))\cdot\mu - \mu^2 \\
&= E\left(\left\{\frac{1}{N}\sum_{i=1}^{N}(X_i-\mu)\right\}^2\right) + \mu^2 \\
&= \frac{1}{N^2}\sum_{i=1}^{N}\sum_{j=1}^{N}E\left((X_i-\mu)(X_j-\mu)\right) + \mu^2 \qquad (4\text{-}12)
\end{aligned}
$$

ここで、2行目から3行目への変形では、(4-10)の結果を用いています。また、3行目から4行目への変形では、次のように、和の2乗を2つの和の積に書き直しています。

$$
\begin{aligned}
\left\{\frac{1}{N}\sum_{i=1}^{N}(X_i-\mu)\right\}^2 &= \frac{1}{N^2}\left\{\sum_{i=1}^{N}(X_i-\mu)\right\}\left\{\sum_{j=1}^{N}(X_j-\mu)\right\} \\
&= \frac{1}{N^2}\sum_{i=1}^{N}\sum_{j=1}^{N}(X_i-\mu)(X_j-\mu)
\end{aligned}
$$

そして、(4-12)の最後の行の第1項に含まれる$E\left((X_i-\mu)(X_j-\mu)\right)$は、$i=j$の場合、$X_i$の分散$V(X_i)=\sigma^2$に一致して、$i\neq j$の場合は、$X_i$と$X_j$の共分散$\mathrm{Cov}(X_i,X_j)$に一致します。今の場合、$X_1,\cdots,X_N$はi.i.d.であり、互いに独立という前提なので、共分散は0になります。したがって、(4-12)の計算結果は次のようになります。

$$
E(\overline{\mu}(X)^2) = \frac{1}{N^2}\cdot N\sigma^2 + \mu^2 = \frac{\sigma^2}{N} + \mu^2
$$

以上の結果を(4-11)に代入すると、最終的に次の結果が得られます。

$$
E(\overline{\sigma^2}(X)) = (\sigma^2+\mu^2) - \left(\frac{\sigma^2}{N}+\mu^2\right) = \frac{N-1}{N}\cdot\sigma^2
$$

この結果を見ると、$\overline{\sigma^2}(X)$の期待値は、真の分散σ^2に対して、その$\dfrac{N-1}{N}$倍となることがわかります。Nが小さいときに、(4-6)による分散の推定値が真の値よりも小さくなる傾向を示すのはこれが理由になります。Nが大きくなれば、$\dfrac{N-1}{N}$は1に近づくので、この影響は少なくなります。

以上の計算により、(4-8)で定義される推定量$\overline{\sigma^2}(X)$は不偏推定量ではないことが示されたわけですが、ここまでの結果がわかれば、これを不偏推定量に修正することは簡単です。全体を$\dfrac{N}{N-1}$倍に修正した次の推定量を考えます。

$$\overline{S^2}(X) = \frac{1}{N-1}\left\{(X_1 - \overline{\mu}(X))^2 + \cdots + (X_N - \overline{\mu}(X))^2\right\}$$

$\overline{S^2}(X) = \dfrac{N}{N-1}\overline{\sigma^2}(X)$という関係からわかるように、これは、$E(\overline{S^2}(X)) = \sigma^2$という関係を満たしており、分散$\sigma^2$に対する不偏推定量となります。(4-6)で定義される標本分散に対して、下記を不偏分散と呼ぶことがあるのは、これが理由になります。

$$S^2 = \frac{1}{N-1}\left\{(x^{(1)} - \mu)^2 + \cdots + (x^{(N)} - \mu)^2\right\}$$

この例からわかるように、最尤推定法で得られる推定量は、必ずしも不偏推定量となるわけではありません。ただし、この例のように不偏推定量にするための修正方法がいつでも簡単にわかるわけではなく、パラメーターの種類によっては、そもそも不偏推定量が存在しないこともありえます。このため、推定量の不偏性は考慮せずに、最尤推定法を用いることも実用的にはよく行なわれます。

4-2 仮説検定の考え方

前節では、確率変数Xが従う分布は事前にわかっているという前提で、観測データにもとづいて、その分布に含まれる未知のパラメーターの値を推定する手法を説明しました。一方、確率モデルを用いた現実の研究の中では、観測データだけではなく、さまざまな理論的な仮説にもとづいて、独自の確率モデルを構築することもあります。そのような場合は、その確率モデルが正しいかどうかを観測データを用いて確認するという作業が必要となります。ただし、「確率的に発生する現象」を対象とする確率モデルの性質上、それが100%正しいかどうかを検証することは原理的に不可能です。

わかりやすい例として、目の前にあるコインが偏りのないコインである、すなわち、「このコインを投げると表と裏が均等に出るはずである」という仮説を立てたとします。これを確率モデルで表現すると、「N回投げたときの表の回数に対応する確率変数Xは$p=\frac{1}{2}$の二項分布$\mathrm{Bn}(N,p)$に従う」というモデルが得られます。このとき、Nを無限に大きくすることができれば、無限回の試行結果から、厳密に確率pの値をチェックすることが可能ですが、現実には、そのようなことはできません。あくまでも有限回の試行結果から、この確率モデルの正しさについて、何らかの判断を下す必要があるのです。

このような際に用いられるのが、仮説検定の考え方です。これは、端的に言うと、自分の確率モデルの正しさを直接に検証するのではなく、手元にある観測データが、自分の確率モデルの予測と矛盾するかどうかをチェックするという考え方です。$p=\frac{1}{2}$の二項分布の確率関数をグラフに表わすと、図4.5のようになるので、表の回数が極端に大きい、あるいは、小さい場合、そのような結果が得られる確率はとても小さくなります。仮にそのような結果が得られた場合、「自分の仮説が正しければ、このような観測データが得られることは、ほぼありえない。したがって、自分の仮説は信頼できない」と結論付けるのです。このように結論付けることを仮説を棄却すると言います。

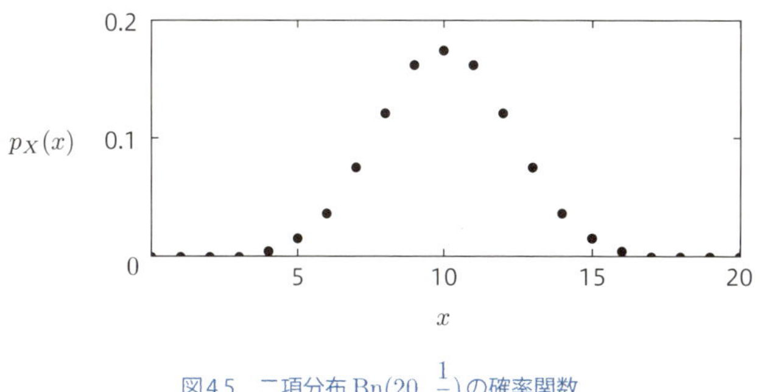

図4.5　二項分布 $\mathrm{Bn}(20, \frac{1}{2})$ の確率関数

ここで、この確率がどの程度小さければ、自分の仮説を棄却するかは、観測データを取得する前にあらかじめ決めておきます。棄却するしきい値となる確率を**有意水準**とよび、一般に記号 α で表わします。実用的には、$\alpha = 0.05$ や $\alpha = 0.01$ という値がよく用いられます。また、実際に観測データから計算される確率を p 値と言います。観測データから仮説が棄却されなかった場合、すなわち、観測データの得られる確率である p 値が α よりも大きかった場合は、仮説を**採択する**と言います。ここで言う採択とは、その仮説と明らかに矛盾する結果は得られなかったというだけの意味であり、決して、その仮説の正しさが証明されたわけではありません。研究者の立場としては、「今の段階でこの仮説を捨てる理由はなく、まだこの仮説の研究を続ける価値はある」と判断する材料になるものと考えてください。

あるいはまた、仮説が棄却された場合でも、その仮説は正しいにもかかわらず、発生する確率の低い非常に珍しい観測データが得られた、つまり、正しい仮説を誤って棄却したという可能性も否定はできません。その意味では、有意水準 α というのは、「仮説が正しいのに、誤ってその仮説を棄却してしまう確率」と言うこともできます。このような誤りを**第１種の過誤**と呼びます。

一方、もう１つ違うパターンの誤りとして、その仮説は本当は間違っているにもかかわらず、手元の観測データからは、その仮説が棄却できなかったという場合もありえます。このような誤りを**第２種の過誤**と言います。仮説が棄却された場合、その仮説の研究は即座にやめてしまうものと想定すると、第１種の過誤は、取り戻しのつかない重大な過ちとなります。一方、第２種の過誤が発生した場合、後になって、その仮説はやっぱり誤っていたと気づける可能性は残ります。ただし、誤った仮説の研究を長く続けるのは時間のムダなので、第２種の過誤も発生しないに越したことはありません。第１種の過誤の発生確率が有意水準 α によって明示的に決められるのに対して、第２種の過誤が発生する確率を計算するのはそれほど簡単ではありません。一般に、「第2種の過誤が発生しない確率（すなわち、誤った仮説を正しく棄却できる確率）」を検定の検出力と言います。本書の範疇を超えるため、ここでは詳しくは説明しませんが、有意水準を固定した中で、できるだけ検出力の高い検定方法を見つけ出すことが、検定に関する理論の役割の1つとなります。

最後に、仮説検定の少し異なる利用方法を説明します。先の例では、コインに偏りがないという自分の仮説を検定する観点で説明しましたが、逆に、「このコインには偏りがあるに違いない」という疑惑をデータから説明したい場合を考えてみます。この場合は、あえて、自分の主張とは逆に、「このコインの裏表は、確率 $p=\dfrac{1}{2}$ の二項分布 $\mathrm{Bn}(N,p)$ に従う」という仮説を立てます。そして、観測データによる検定を行ない、この仮説が棄却されれば、これは、本来の自分の主張を支える証拠の1つとなります。このような場合、棄却されることを期待する仮説を帰無仮説、その逆の実際に主張したい仮説を対立仮説と言います。たとえば、コインを20回投げた場合、表の回数が 10 ± 6、すなわち、4回〜16回の範囲に入る確率は、約0.997となります（図4.6）。そして、実際にこのコインを20回投げた結果、表の回数が3回だとすれば、これは確率0.01以下の現象が発生したと言えます。したがって、これが有意水準 $\alpha=0.01$ の検定であれば、帰無仮説は棄却されます。つまり、この実験結果は、「コインに偏りがある」という本来の主張を裏付ける1つの状況証拠となりうるのです。

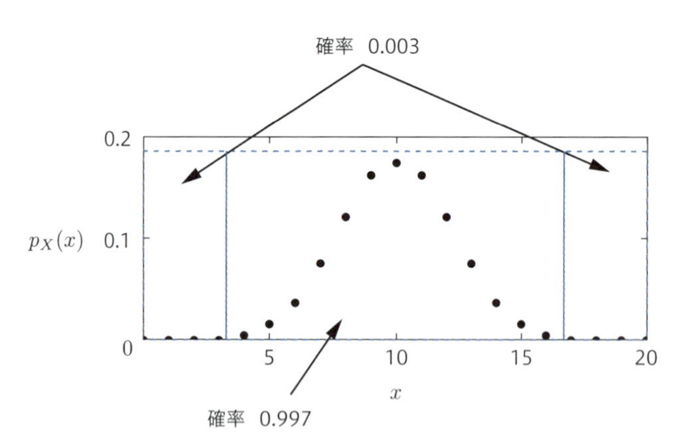

図4.6　表の回数が4回〜16回の範囲に入る確率

ちなみに、このような仮説検定を行なう場合、観測データを何度も取得するのは、仮説検定の利用方法として適切ではありません。有意水準 α の検定というのは、確率αで第1の過誤を引き起こすものですが、それは、あくまで1回の検定についての話です。何度も観測データを取得して検定を繰り返せば、その中で第1の過誤が発生する確率はいくらでも高くなります。言い換えると、何度も観測データを取得すれば、帰無仮説を棄却できるような稀なデータもいつかは必ず手に入ります。仮説検定を用いる目的は、研究対象の仮説について、その研究を続けるべきかどうかという研究者としての判断を行なうことであり、決して、自説の正しさを誰かに納得させるためのものではありません。

そしてまた、「棄却対象のデータをどのように設定するか」という点に任意性がある点にも注意が必要です。先ほどの例では、「表の回数が4回〜16回」というグループ（確率0.997）と「表の回数が0回〜3回、もしくは、17回〜20回」（確率0.003）というグループに分けました。これは、（仮説が正しければ）表の回数の期待値が10であることを考えると、自然なグループ分けです。それでは、仮に「表の数が5回〜20回」（確率0.994）と「表の数が0回〜4回」（確率0.006）のグループに分けると何が起こるでしょうか？　仮説検定の目的を考えると不自然な分け方ですが、これでも仮説検定は実施できます。有意水準$\alpha=0.01$の検定を行なうとして、表の回数が3回であれば、帰無仮説は棄却されます。しかしながら、表の回数が17回の場合、この方法では帰無仮説は棄却されません。

一般には、観測データに伴う確率変数の値について、棄却対象とする値の範囲を事前に決めるわけですが、この値の範囲を棄却域と言います。棄却域の設定方法は、検定の対象とする仮説の内容に応じて、適切に決定する必要があります。一般に、「表の回数が0回〜3回、もしくは、17回〜20回」のように、確率分布の両側を棄却対象とする方法を両側検定、「表の数が0回〜4回」のように、確率分布の片側を棄却対象とする方法を片側検定と言います。

棄却域の設定は、先に説明した検定力に関わる違いともなります。前述の例の場合、落ち着いて考えるとわかるように、両側検定と片側検定のいずれを採用するにしても、帰無仮説が正しい場合に誤ってこれを棄却する確率（第1種の過誤が発生する確率）は、棄却対象となるグループの発生確率によって厳密にコントロールされています。しかしながら、帰無仮説が誤っている際にこれを正しく棄却できる確率は、それぞれに異なるものと想像されます。したがって、仮説検定の結果を公表する際は、ただ結果だけを報告しても意味がありません。具体的にどのような仮説を用いて、棄却域をどのように設定したかまで、正確に説明することが必要です。仮説検定の手法が標準的に用いられる業界では、検定内容が吟味された一定の手続きがあらかじめ定められているため、実用的な目的で仮説検定を実施する際は、このような手続きに正しく従うことも大切になります。

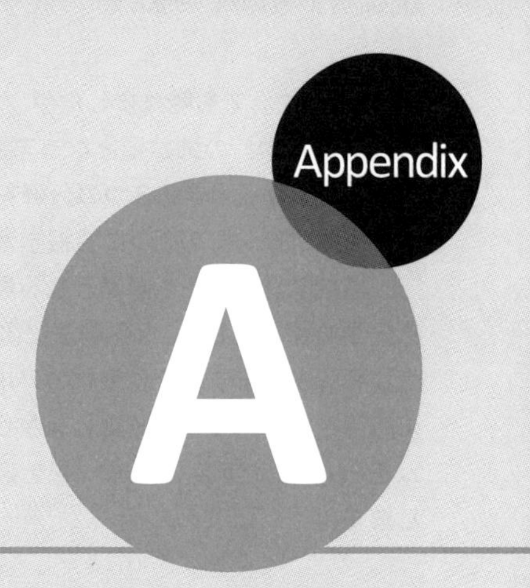

機械学習への応用例

「はじめに」でも触れましたが、本書は『技術者のための基礎解析学』『技術者のための線形代数学』の姉妹編となっており、この3冊を通じて、基礎解析学、線形代数学、そして、確率統計学の3つの分野を学べるように編纂されています。そして、これらを総合した応用分野の1つに機械学習があります。ここでは、これら3部作のまとめとして、機械学習の中でも基礎となる最小二乗法による回帰分析、ロジスティック回帰による分類処理、そして、k平均法によるクラスタリングについて、その原理を数学的な観点から解説します。それぞれのアルゴリズムにおいて、上記の各分野の知識がどのように応用されているかを確認しながら読み進めてください。また、それぞれのアルゴリズムをPythonで実装したコードをGoogle Colaboratoryで実行する方法もあわせて説明します。

A.1 最小二乗法による回帰分析

回帰分析の目的は、収集された離散的なデータに対して、その背後にある数学的な関数関係を推測することにあります。気候の変動など、ある程度、理論的な変化が解明されている領域であれば、既知の理論（数理モデル）を当てはめることで、観測データを説明する数式を得ることもできますが、ここでは、そのような既知の理論は前提とはしません。あくまで、与えられたデータだけをもとにして、そのデータにうまくフィットする関数を決定していきます。

話を具体的にするために、図A.1のデータについて考えてみましょう。横軸をx、縦軸をyとする$(x,\ y)$平面に全部で30個のデータ$\{(x_1,\ y_1),\ (x_2,\ y_2), \cdots, (x_{30},\ y_{30})\}$が配置されています。これは、回帰分析の練習問題としてよく利用されるデータで、次の関数に従って生成されています。

$$y_n = \sin(2\pi x_n) + \epsilon_n \ (n = 1, \cdots, 30)$$

ここに、x_nは、$x_1 = 0,\ x_{30} = 1$となるように閉区間$[0,\ 1]$を29等分した点を表わします。また、ϵ_nは、平均$\mu = 0$、分散$\sigma^2 = 0.3^2$の正規分布$\mathcal{N}(0,\ 0.3^2)$に従って生成した30個の独立な乱数です。つまり、図A.1のデータは、正弦関数$y = \sin(2\pi x)$に対して、およそ± 0.3の範囲の乱数を加えたものになります。気象データのように一定の理論に従うものであったとしても、現実の観測値には必ず一定の誤差が含まれます。ここでは、正規分布に従う乱数によって、このような観測誤差を擬似的に表わして

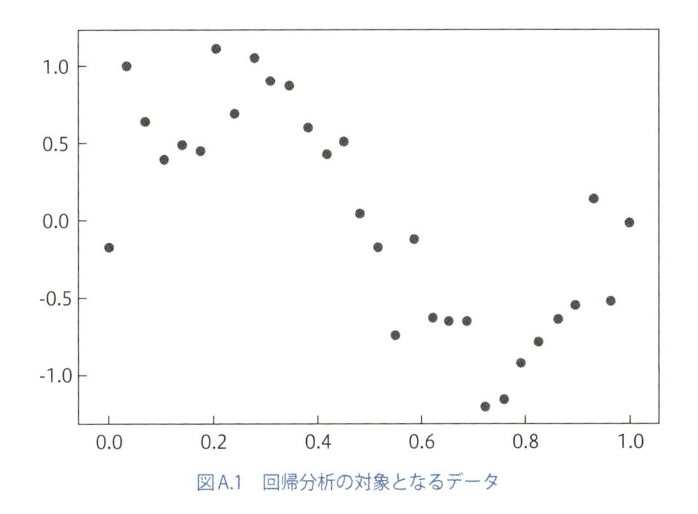

図A.1　回帰分析の対象となるデータ

いるものと考えます。

したがって、このデータを機械学習で分析した結果、仮に、これは「正弦関数 $y = \sin(2\pi x)$ に正規分布 $\mathcal{N}(0,\ 0.3^2)$ の誤差が加えられたデータである」という結論が得られたとすれば、完璧な分析結果となります。もちろん、実際には、与えられたデータだけから、ここまで正確な結論を得るのは困難です。これから説明する最小二乗法を適用することで、どこまでこの「正解」に近い結果が得られるのかを見ていきましょう。

このような未知のデータに回帰分析を適用する際は、データの背後にある関数関係について、何らかの仮定を置くことが分析の出発点となります。データを説明する既知の理論は存在しないという前提なので、まずは、単純に多項式を当てはめてみます。一般に、M次多項式を当てはめるのであれば、次のような関数関係を仮定することになります。

$$y_n = a_0 + a_1 x_n + a_2 x_n^2 + \cdots a_M x_n^M \tag{A-1}$$

ここでは、$a_0 \sim a_M$ の $M+1$ 個の係数が、機械学習によって決定するパラメーターとなります。これらの係数を変化させると、(A-1) が描くグラフの形が変化しますが、図A.1に与えられたデータになるべくフィットするように係数の値を決定しようというわけです。ただし、与えられたデータ数に対して、多項式の次数が高すぎると、すべてのデータの上を正確に通る曲線が得られてしまいます。詳細な議論は割愛しますが、パラメーターの数 $M+1$ がデータ数 N と同じ（もしくはそれ以上）であれば、すべてのデータ上を通る曲線を構成することができます。これは、データが本来持っている観測誤差を無視して、与えられたデータに過剰にフィットした関数になることを意味しており、機械学習では、このような状況を過学習と呼びます。ここでは、過学習を避けるために、$N > M + 1$であるものと仮定しておきます。

そして、次のステップは、(A-1)で示される関数が、与えられたデータに対して「フィットしている度合い」を定義することになります。最小二乗法では、次の二乗誤差を計算して、この値が小さいほど、よりよくフィットしているものと考えます。

$$E = \frac{1}{2}\sum_{n=1}^{N}(y_n - t_n)^2 \tag{A-2}$$

ここで、上式に含まれる記号について説明が必要です。まず、Nは与えられたデータの数で、今の場合は、$N = 30$となります。次に、y_nは、各$x_n = 0, \cdots, 1$に対して、(A-1)に従って計算されるy_nの値です。いわば、(A-1)の予測モデルによって予測されるyの値です。そして、t_nは実際にデータとして与えられたy_nの値です。つまり、$(y_n - t_n)^2$は「予測値と観測値の差の２乗」であり、(A-2)は、このような「二乗誤差」をすべてのデータについて足し合わせたものとなっています[※1]。この値が小さいほど、予測値が観測値によりよくフィットしているものと判断します。

少し長くなりましたが、これで計算の準備が整いました。この後は、(A-2)に実際のデータを当てはめて、この値が最小になるように係数$a_0 \sim a_M$を決定していきます。現実の機械学習では、コンピューターを用いた数値計算によって近似的に解を求めることもよく行なわれますが、ここでは、解析学、そして、線形代数学の知識を利用して、厳密解を求めてみます。

今の場合、求めるべきものは、(A-2)を最小にする$a_0 \sim a_M$の値なので、これは、多変数関数の極値問題となります。この点を明確にするために、(A-2)を$a_0 \sim a_M$の関数として、明示的に書き直してみましょう。(A-2)に(A-1)を代入すると、次のようになります。

※1　全体を$\frac{1}{2}$倍しているのは、慣習的なもので本質的な意味はありません。この後、偏微分を計算した際に、計算式が少しだけ簡単になるように付けてあります。

$$E(a_0,\cdots,a_M)=\frac{1}{2}\sum_{n=1}^{N}\left(\sum_{m=0}^{M}a_mx_n^m-t_n\right)^2 \tag{A-3}$$

ここでは、任意のxに対して$x^0=1$が成り立つという事実を用いて、(A-1)を和の記号$\sum_{m=0}^{M}$を用いて書き直しています。次に、この関数が最小値を取る点では、次の関係が成り立ちます。

$$\frac{\partial E}{\partial a_m}(a_0,\cdots,a_M)=0\ (m=0,\cdots,M) \tag{A-4}$$

『技術者のための基礎解析学』の「6.3.2　2変数関数の極値問題」では、2変数関数$f(x,\,y)$が極値を取る条件として、

$$\frac{\partial f}{\partial x}(x_0,\,y_0)=0,\ \frac{\partial f}{\partial y}(x_0,\,y_0)=0 \tag{A-5}$$

という関係を示しましたが、これをより多くの変数に拡張したものと考えてください。これはあくまで極値を取る条件であり、最小値に対応する点とは限りませんが、今の場合は、この後の計算結果から、最小値に対応する点となることがわかります。

それでは、(A-3)の表式を用いて、具体的に(A-4)の偏微分を計算してみましょう。ここでは、合成関数の微分の公式をうまく利用する必要があります。今、(A-3)は、異なるnについての和になっているので、微分の線形性を用いて、それぞれのnについて個別に微分することができます。計算上は、$\sum_{n=1}^{N}$という部分を無視して計算すればよいわけです。そして、和に含まれる各項を微分する際は、はじめに$\sum_{m=0}^{M}a_mx_n^m-t_n$という大きなカタマリで微分した上で、さらにこのカタマリをa_mで微分したものを掛けます。ただし、和の記号に用いる変数mと、偏微分する変数a_mに含まれるmが混ざると混乱するので、ここでは、変数$a_{m'}$で偏微分することにします。このm'は、0〜Mの任意の1つを表わすものとしてください。先に結果をまとめると次のようになります。

$$\frac{\partial E}{\partial a_{m'}}(a_0,\cdots,a_M)=\sum_{n=1}^{N}\left\{\left(\sum_{m=0}^{M}a_m x_n^m-t_n\right)\times x_n^{m'}\right\} \qquad \text{(A-6)}$$

それでは、どのようにしてこの結果が得られるのかを説明します。まず、$E(a_0,\cdots,a_M)$の和に含まれる1つの項、

$$\frac{1}{2}\left(\sum_{m=0}^{M}a_m x_n^m-t_n\right)^2$$

を$\displaystyle\sum_{m=0}^{M}a_m x_n^m-t_n$というカタマリで微分した結果は、$\displaystyle\sum_{m=0}^{M}a_m x_n^m-t_n$になります[※2]。さらにこのカタマリを$a_{m'}$で微分したものが後にある$x_n^{m'}$になります。

次は、(A-6)がすべての$m'=0,\cdots,M$について0になるという条件から、a_0～a_Mを決定します。ここでは、線形代数学の知識をうまく利用することができます。まず、行列とベクトルを用いて、(A-6)を次のように書き直します。

$$\frac{\partial E}{\partial a_{m'}}(a_0,\cdots,a_M)=[\mathbf{\Phi}^{\mathrm{T}}\mathbf{\Phi}\mathbf{a}-\mathbf{\Phi}^{\mathrm{T}}\mathbf{t}]_{m'} \qquad \text{(A-7)}$$

ここに、$\mathbf{\Phi}$は、x_n^mを(n,m)成分とする$N\times(M+1)$行列で、$\mathbf{a}$と$\mathbf{t}$は、それぞれ、a_mとt_nを成分とする縦ベクトルになります[※3]。成分を明示すると、次のようになります。

$$\mathbf{\Phi}=\begin{pmatrix} x_1^0 & x_1^1 & \cdots & x_1^M \\ x_2^0 & x_2^1 & \cdots & x_2^M \\ \vdots & \vdots & \ddots & \vdots \\ x_N^0 & x_N^1 & \cdots & x_N^M \end{pmatrix} \qquad \text{(A-8)}$$

※2　ここで、Eの頭に付けた$\frac{1}{2}$がうまくキャンセルします。

※3　$\mathbf{\Phi}$はギリシャ文字・ファイの大文字。

$$\mathbf{a} = \begin{pmatrix} a_0 \\ a_1 \\ \vdots \\ a_M \end{pmatrix},\ \mathbf{t} = \begin{pmatrix} t_1 \\ t_2 \\ \vdots \\ t_N \end{pmatrix}$$

(A-7)の右辺は、これらを組み合わせて計算される縦ベクトルの第 m' 成分を表わします。(A-6)がこのように行列形式で書き直せることは、行列の積の計算規則に当てはめればわかるので、落ち着いて確認してください。ここまでくれば、後は、行列計算ですぐに答えが得られます。(A-7)を0と置いた式を次のように書き直して、

$$\mathbf{\Phi}^{\mathrm{T}}\mathbf{\Phi}\mathbf{a} = \mathbf{\Phi}^{\mathrm{T}}\mathbf{t}$$

両辺に $\mathbf{\Phi}^{\mathrm{T}}\mathbf{\Phi}$ の逆行列を左から掛けると、次の結果が得られます。

$$\mathbf{a} = (\mathbf{\Phi}^{\mathrm{T}}\mathbf{\Phi})^{-1}\mathbf{\Phi}^{\mathrm{T}}\mathbf{t} \tag{A-9}$$

$\mathbf{\Phi}$ と $\mathbf{t}$ は、どちらも最初に与えられたデータの数値を成分としているため、上式は、与えられたデータから M 次多項式(A-1)の係数 a_m を決定する公式とみなすことができます。ただし、この段階では、(A-9)で決まる係数は E の（一般的な極値ではなく）最小値を与えることは、まだ示されていません。また、そもそも、$\mathbf{\Phi}^{\mathrm{T}}\mathbf{\Phi}$ の逆行列が存在することも示す必要があります。これらの問題は、(A-3)のヘッセ行列を計算することで解決されます。ヘッセ行列とは、次のように、2つの変数による2階の偏微分係数を並べた行列です。

$$H = \begin{pmatrix} \frac{\partial^2 E}{\partial a_0 \partial a_0} & \frac{\partial^2 E}{\partial a_0 \partial a_1} & \cdots & \frac{\partial^2 E}{\partial a_0 \partial a_M} \\ \frac{\partial^2 E}{\partial a_1 \partial a_0} & \frac{\partial^2 E}{\partial a_1 \partial a_1} & \cdots & \frac{\partial^2 E}{\partial a_1 \partial a_M} \\ \vdots & \vdots & \ddots & \vdots \\ \frac{\partial^2 E}{\partial a_M \partial a_0} & \frac{\partial^2 E}{\partial a_M \partial a_1} & \cdots & \frac{\partial^2 E}{\partial a_M \partial a_M} \end{pmatrix}$$

今の場合、(A-6)を再度、変数 $a_{m''}$ で偏微分することで、ヘッセ行列の成分が次のように得られます。

$$H_{m'm''} = \sum_{n=1}^{N} x_n^{m'} x_n^{m''}$$

これは、ちょうど、行列 $\mathbf{\Phi}^{\mathrm{T}}\mathbf{\Phi}$ の $(m',\, m'')$ 成分に一致しており、結局、次の関係が成り立つことがわかります。

$$H = \mathbf{\Phi}^{\mathrm{T}}\mathbf{\Phi} \tag{A-10}$$

『技術者のための基礎解析学』の「6.3.2　2変数関数の極値問題」では、2変数関数 $f(x,\, y)$ の場合において、ヘッセ行列が正定値であれば、(A-5) で決まる極値は、極小値を与えることを示しました。同様の議論により、(A-10) が正定値、すなわち、任意のベクトル $\mathbf{v} \neq \mathbf{0}$ に対して、

$$\mathbf{v}^{\mathrm{T}} H \mathbf{v} > 0 \tag{A-11}$$

が成り立てば、(A-4) は極小値を与えることが言えます。さらに、今の場合、(A-4) を満たす点は、先に求めた (A-9) しかないので、極大と極小を含めて、極値を取る点は1つしかなく、必然的にこれは最小値を与えることになります。

そして、(A-11) は、次の計算から確認ができます[※4]。

$$\mathbf{v}^{\mathrm{T}} H \mathbf{v} = \mathbf{v}^{\mathrm{T}}\mathbf{\Phi}^{\mathrm{T}}\mathbf{\Phi}\mathbf{v} = |\mathbf{\Phi}\mathbf{v}|^2 \geq 0$$

ここで、$|\mathbf{\Phi}\mathbf{v}|^2 = 0$ が成立するのは、$\mathbf{\Phi}\mathbf{v} = \mathbf{0}$ を満たす $\mathbf{v}$ の場合に限られますが、$\mathbf{\Phi}$ が $N \times (M+1)$ 行列であることを思い出すと、これは、$M+1$ 個の変数に対する、N 本の連立一次方程式と同等になります。したがって、過学習を避けるために設定した条件 $N > M+1$ により、自明でない解 $\mathbf{v} \neq \mathbf{0}$ は存在せず、$\mathbf{\Phi}\mathbf{v} = \mathbf{0}$ となることはありません[※5]。

これで、ヘッセ行列が正定値であることが確認できましたが、さらにその結果として、行列 $\mathbf{\Phi}^{\mathrm{T}}\mathbf{\Phi}$ に逆行列が存在することも言えます。なぜなら、『技術者のための線形代数学』の「4.2.3　2次曲面の標準形」で見たように、2次形式 $\mathbf{v}^{\mathrm{T}} H \mathbf{v}$ が正定値であ

※4　$|\mathbf{a}|^2$ はベクトル $\mathbf{a}$ の大きさの二乗を表わす記号で、一般に、$|\mathbf{a}|^2 = \mathbf{a}^{\mathrm{T}}\mathbf{a}$ で計算されます。

※5　より厳密には、$\mathbf{\Phi}$ の各列を構成する縦ベクトルが互いに一次独立で、$\mathrm{rank}\,\Phi = M+1$ であることを示す必要がありますが、これは、(A-8) の表式から確認することができます。

れば、行列Hの固有値$\lambda_0,\cdots,\lambda_M$はすべて正の値になります。したがって、

$$\det H = \lambda_0 \cdots \lambda_M > 0$$

となり、Hには逆行列が存在します。今の場合、(A-10)の関係があるので、これより、$\mathbf{\Phi}^{\mathrm{T}}\mathbf{\Phi}$は逆行列を持つことが言えます。

これですべての計算が終わりました。後は、与えられたデータに対して、実際に(A-9)を用いて多項式を決定すればよいことになります。後ほど、「A.4 Python によるアルゴリズムの実装例」で紹介するコードを用いた結果は、図A.2のようになります。

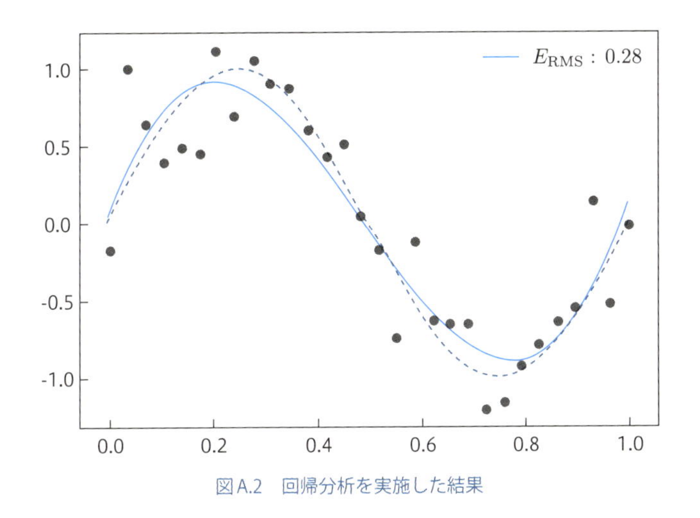

図A.2 回帰分析を実施した結果

これは、$M=3$（すなわち、3次多項式）とした場合の結果で、破線のグラフは「正解」となる正弦関数、実線のグラフは、ここで説明した最小二乗法による結果です。それほど悪くない結果が得られているのではないでしょうか。また、多項式による予測結果y_nと実際の値t_nの平均的な誤差を表わす量として、次の平方根平均二乗誤差があります。

$$E_{\mathrm{RMS}} = \sqrt{\frac{2E}{N}}$$

これは、(A-2)の二乗誤差Eを$\dfrac{2}{N}$倍することで、「予測値と観測値の差の２乗」の平均値を求めた後、平方根を取ることで、２乗の効果を相殺した計算式になります。そし

て、図A.2の場合、平方根平均二乗誤差は、$E_{\mathrm{RMS}} = 0.28$となりました。もとのデータは、分散が$\sigma^2 = 0.3^2$の正規分布に従う乱数、すなわち、およそ± 0.3の範囲の乱数を加えたものなので、こちらもまた、元データが持つ誤差を比較的よくとらえていると考えられます。なお、ここでは天下り的に$M = 3$を選択しましたが、本来は、機械学習の標準的な手続きに従って、適切な多項式の次数を決定する必要があります。具体的には、クロスバリデーションを用いて、汎化性能を評価するといった手法があります[※6]。

※6　詳細については、『ITエンジニアのための機械学習理論入門』（中井悦司／著、技術評論社、2015年）などの書籍を参考にしてください。

A.2 ロジスティック回帰による分類アルゴリズム

ロジスティック回帰は、「回帰」という名称がついていますが、その目的は、前節の回帰分析とはまったく異なります。ラベル付きの学習データをもとにして未知のデータのラベルを予測する、分類処理のアルゴリズムの1つです。たとえば、図A.3のように、●と×でラベル付けされたデータが与えられた場合、図に示した直線によって、2種類のデータの領域を分けることができます。すべてのデータが正確に分類できているわけではありませんが、一定の基準に従って、直線（より一般には1次関数）による最適な境界を発見することが目的であり、ロジスティック回帰では、これを次の手続きで実現します。一般には、3次元以上の空間上のデータを対象とすることもできますが、ここでは、説明を簡単にするために、平面上のデータを直線で分類するという前提で解説を進めます。

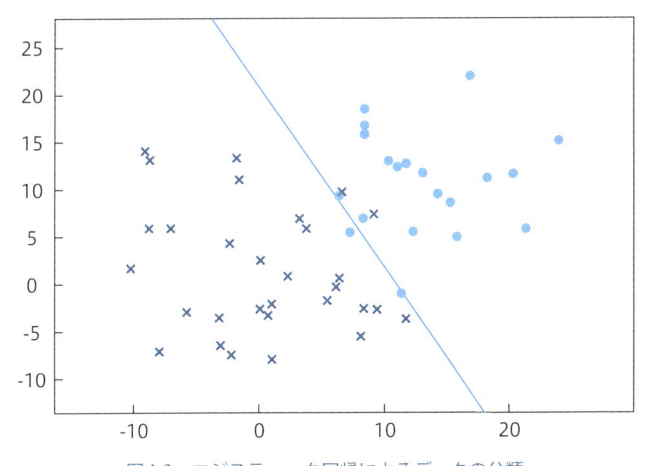

図A.3　ロジスティック回帰によるデータの分類

はじめに、与えられたデータの座標とラベルを $\{(x_1, y_1), \cdots, (x_N, y_N)\}$、および、$\{t_1, \cdots, t_N\}$ という記号で表わします。t_n は、n 個目のデータが●であれば $t_n = 1$、×であれば $t_n = 0$ であるものとします。そして、最終的な解となる直線に対応する1次関数を次のように仮定します。

$$f(x,\ y) = a_0 + a_1 x + a_2 y \tag{A-12}$$

分類の境界となる直線は $f(x,\ y) = 0$ で表わされます。定数項、および、各項の係数となる $a_0,\ a_1,\ a_2$ がアルゴリズムによって決定するパラメーターです。そして、これらのパラメーターを決定するために、本書の「4.1　最尤推定法と不偏推定量」で説明した、最尤推定法を適用します。最尤推定法を適用する際は、観測データが得られる確率、すなわち、尤度関数を求める必要がありますが、ここでは、やや天下り的に、点 $(x_n,\ y_n)$ に $t_n = 0,\ 1$ のデータが得られる確率を次式で定義します。

$$P(x_n,\ y_n) = \begin{cases} \sigma(f(x_n,\ y_n)) & (t_n = 1 \text{のとき}) \\ 1 - \sigma(f(x_n,\ y_n)) & (t_n = 0 \text{のとき}) \end{cases} \tag{A-13}$$

ここに、$\sigma(x)$ は次式で定義される関数（ロジスティック関数）で、x が $-\infty$ から ∞ に変化すると、$\sigma(x)$ は0から1に向かってなめらかに変化していきます[※7]。

$$\sigma(x) = \frac{1}{1 + e^{-x}} \tag{A-14}$$

この値がデータが得られる確率に対応することは、図A.4を見るとわかります。この図では、$t = 1$ のデータが点 $(x,\ y)$ に存在する確率を示しています。関数 $f(x,\ y)$ は $f(x,\ y) = 0$ が境界線に対応しますが、境界線から垂直方向に離れていくと、その値は、$\pm\infty$ に向かって直線的に変化します。この $f(x,\ y)$ の値をロジスティック関数に代入することにより、0から1の確率値に変換していると考えることができます。つまり、境界線上のデータは、●である確率と×である確率が等しく、$P(x,\ y) = \dfrac{1}{2}$ となります。そして、境界線から離れるに従って、$t = 1$ のデータが存在する確率は、0もしくは1に向かってなめらかに変化します。$f(x,\ y) = 0$ の境界線によって、$t = 1$ の領域と $t = 0$ の領域がうまく分割されているわけです。(A-13)では、$t = 0$ の場合については、ちょうど、$t = 1$ の場合のグラフを上下に反転した形になっており、「$t = 0$ の確率」+「$t = 1$ の確率」$= 1$ が成り立ちます。

※7　一般に、$\sigma(x)$ のように、2つの値の間をS字型になめらかに変化する関数をシグモイド関数と呼びます。

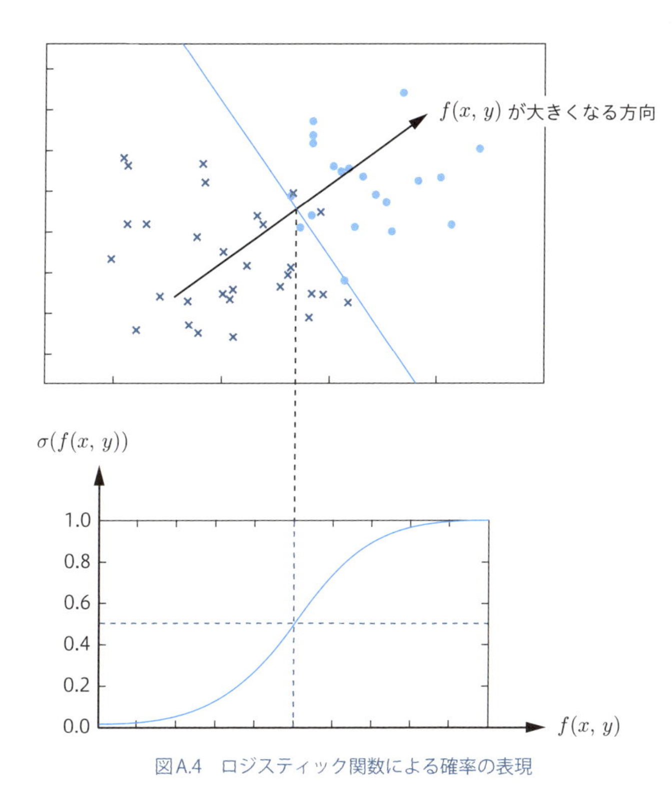

図A.4　ロジスティック関数による確率の表現

次に、この前提にもとづいて、全データが得られる確率を計算しますが、はじめに(A-13)を次のように書き直します。

$$P(x_n, y_n) = \{\sigma(f(x_n, y_n))\}^{t_n}\{1 - \sigma(f(x_n, y_n))\}^{1-t_n}$$

やや技巧的ですが、$t_n = 1$ と $t_n = 0$ で場合分けすると、任意の x について $x^0 = 1$ となる事実を用いて、(A-13) と同じ関係を表わすことがわかります。これより、全データが得られる確率、すなわち、尤度関数は次式で与えられます。

$$\begin{aligned} P &= \prod_{n=1}^{N} P(x_n, y_n) \\ &= \prod_{n=1}^{N} \{\sigma(f(x_n, y_n))\}^{t_n}\{1 - \sigma(f(x_n, y_n))\}^{1-t_n} \end{aligned} \quad \text{(A-15)}$$

この後は、最尤推定法の手続きに従って、上式の対数を取った対数尤度関数を計算して、その偏微分係数が0になるという条件から、パラメーター a_0, a_1, a_2 の値を決定します。まずは、(A-15)を用いて対数尤度関数を計算すると、次のようになります。

$$
\begin{aligned}
\log_e P &= \log_e \prod_{n=1}^{N} \{\sigma(f(x_n, y_n))\}^{t_n} \{1-\sigma(f(x_n, y_n))\}^{1-t_n} \\
&= \sum_{n=1}^{N} \left[t_n \log_e \{\sigma(f(x_n, y_n))\} + (1-t_n)\log_e \{1-\sigma(f(x_n, y_n))\}\right] \\
&= \sum_{n=1}^{N} \{t_n \log_e z_n + (1-t_n)\log_e(1-z_n)\}
\end{aligned}
$$

ここでは、『技術者のための基礎解析学』の「4.1　指数関数・対数関数」で学んだ、対数関数の性質を用いて式の整理を行なっています。また、最後の等号では、表式を簡単にするために次の記号を導入しました。

$$
z_n = \sigma(f(x_n, y_n))
$$

この表式を用いて、対数尤度関数 $\log_e P$ を $a_i\ (i=0,1,2)$ で偏微分すると、次の結果が得られます。

$$
\frac{\partial}{\partial a_i}\log_e P = \sum_{n=1}^{N}\left(\frac{t_n}{z_n} - \frac{1-t_n}{1-z_n}\right)\frac{\partial z_n}{\partial a_i} \qquad \text{(A-16)}
$$

次に、偏微分 $\dfrac{\partial z_n}{\partial a_i}$ を計算するために、(A-14)の定義から、ロジスティック関数の導関数 $\sigma'(x)$ を計算します。$1+e^{-x}$ のカタマリで微分した結果 $\dfrac{-1}{(1+e^{-x})^2}$ に、このカタマリの微分 $-e^{-x}$ を掛けて、次の結果が得られます。

$$
\sigma'(x) = \frac{e^{-x}}{(1+e^{-x})^2}
$$

直接の計算で確認できるように、この結果は次のように書き直すことができます。

$$\sigma'(x) = \sigma(x)(1-\sigma(x))$$

これを用いると、偏微分 $\dfrac{\partial z_n}{\partial a_i}$ は、次のように計算されます。

$$\frac{\partial z_n}{\partial a_i} = \sigma'(f(x_n,\, y_n))\frac{\partial f}{\partial a_i}(x_n,\, y_n) = z_n(1-z_n)\frac{\partial f}{\partial a_i}(x_n,\, y_n)$$

この結果を(A-16)に代入して整理すると、次が得られます。

$$\frac{\partial}{\partial a_i}\log_e P = \sum_{n=1}^{N}(t_n - z_n)\frac{\partial f}{\partial a_i}(x_n,\, y_n) = \begin{cases} \displaystyle\sum_{n=1}^{N}(t_n - z_n) & (i=0) \\ \displaystyle\sum_{n=1}^{N}(t_n - z_n)x_n & (i=1) \\ \displaystyle\sum_{n=1}^{N}(t_n - z_n)y_n & (i=2) \end{cases} \tag{A-17}$$

最後の等号は、$f(x,\, y)$ の定義(A-12)から得られます。この後は、上式が0になるという条件から、パラメーター $a_0,\, a_1,\, a_2$ を決定すればよいことになります。

しかしながら、実は、この関係式から $a_0,\, a_1,\, a_2$ を具体的に決定することは、それほど簡単ではありません。一般に、現実の問題にロジスティック回帰を適用する際は、コンピューターによる数値計算で近似的にパラメーターの値を決定します。数値計算にはいくつかの方法がありますが、ここでは、最も単純な勾配降下法を利用することにします。

まず、『技術者のための基礎解析学』の「6.1.1　全微分と偏微分」で説明したように、多変数関数において、それぞれの変数による偏微分係数を並べたベクトルを勾配ベクトルと言います。今の場合、(A-17)は、$\log_e P$ を $(a_0,\, a_1,\, a_2)$ の3変数関数とみなした際の勾配ベクトルの成分そのものです。明示的に勾配ベクトルとして書き直すと、次のようになります。

$$\nabla \log_e P = \sum_{n=1}^{N}(t_n - z_n)\boldsymbol{\phi}_n \tag{A-18}$$

ここに、$\boldsymbol{\phi}_n$は次で定義される3次元のベクトルです。

$$\boldsymbol{\phi}_n = \begin{pmatrix} 1 \\ x_n \\ y_n \end{pmatrix}$$

そして、勾配ベクトルには、関数の値が最も急激に増加する方向、という図形的な意味がありました。また、勾配ベクトルの大きさは、その方向におけるグラフの傾き（増加の割合）を表わします。そこで、たとえば、パラメーター$(a_0,\ a_1,\ a_2)$を

$$\mathbf{a} = \begin{pmatrix} a_0 \\ a_1 \\ a_2 \end{pmatrix}$$

のようにベクトルで表記して、適当な初期値を設定した後に、その点における勾配ベクトルの値を(A-18)で計算します。その後、ϵを適当な小さな正の値として、次のようにパラメーターの値を更新します。

$$\mathbf{a} \longrightarrow \mathbf{a} + \epsilon \nabla \log_e P$$

勾配ベクトルの意味を考えると、この更新により、関数$\log_e P$の値はわずかに増加するはずです。そこで、もう一度、更新後の点における勾配ベクトルを計算して、再度、上式に従ってパラメーターの値を更新します。これを繰り返すと、対数尤度関数の値は、どんどん大きくなり、最終的に最大値に達したところで、勾配ベクトルは$\mathbf{0}$になり、パラメーターの値は、それ以上は変化しなくなると期待できます[※8]。ϵの値が大きすぎると、最大値となる場所を飛び越える恐れがあるため、実際には、ϵには十分に小さな値を設定しておき、勾配ベクトルの大きさがある程度小さくなったところで、計算を打ち切るという処理を行ないます。これにより、近似的にパラメーターの値を決定する手法が、勾配降下法となります。先に示した図A.3の直線は、「A.4　Python によるアルゴリズムの実装例」で紹介する、勾配降下法を実装したコードを実行して得られた結果になります。

※8　一般には、最大値ではない極大値に到達する可能性もありますが、ロジスティック回帰の対数尤度関数においては、最大値のみが存在します。

A3 k平均法によるクラスタリング

ここまで、2種類の機械学習アルゴリズムを紹介しましたが、それぞれ、二乗誤差を最小化する、もしくは、対数尤度関数を最大化するという条件でパラメーターの最適化を行ないました。多くの機械学習のアルゴリズムでは、このように、目標とする関数をパラメーターを含む形で仮定しておき、何らかの評価関数を最大化、もしくは、最小化するという条件でパラメーターを最適化するという手続きが取られます。与えられたデータを複数のクラスターに分類する、クラスタリングのアルゴリズムでも同じ考え方が適用されます。ここでは、クラスタリングの中でも最も基本となるk平均法について、「誤差関数を最小化する」という観点でその仕組みを説明します。数学的には、それほど複雑なものではなく、線形代数学や確率統計学の要素はありませんが、画像データの分類にも応用できるという、面白さが感じられる例になります。

まず、図A.5の例を用いて、k平均法によるクラスタリングの手続きを説明します。(a) は、(x, y)平面上に配置されたデータを表わします。ロジスティック回帰の例とは異なり、それぞれのデータには●と×のようなラベル付けはされていません。しかしながら、互いの位置関係を見ると、大きく2つのグループに分かれていることが直感的に理解できます。k平均法は、このように、データの位置関係から決まる自然なグループ（クラスター）を発見するアルゴリズムです。具体的な手続きは、次のようになります。

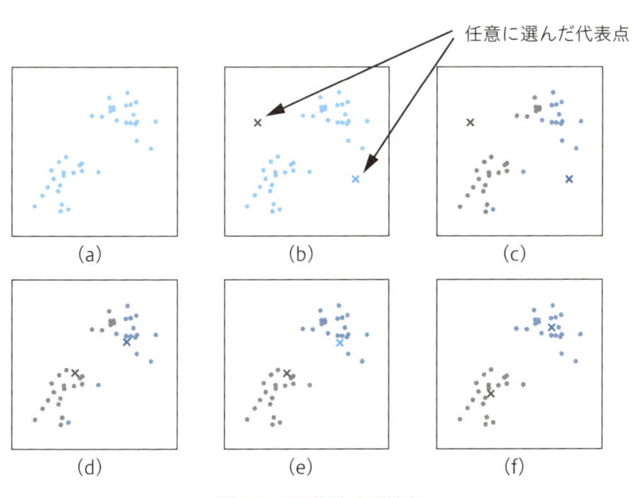

図A.5　k平均法の手続き

はじめに、(b) のように、それぞれのクラスターの代表点を適当に設定します。k平均法では、いくつのクラスターに分類するかは、事前に人間が決めておきます。この例では、2つのクラスターに分類するという前提です。次に、平面上の各データについて、代表点との距離によって、どちらのクラスターに属するかを決定します。ここでは、自身との距離が一番近い代表点のクラスターに属するという規則を適用します。

これで、一旦、(c) のように仮のクラスタリングができましたが、もちろんこれは、自然なクラスターとは言えません。これをより自然なクラスターに修正するために、それぞれのクラスターに属するデータの重心を計算して、そこに新たな代表点を取り直します[※9]。(d) がその結果です。そして、再度、代表点との距離を用いて、それぞれのデータがどちらのクラスターに属するかを決め直します。すると、(e) のように、より自然なクラスターが得られます。

この手続きを何度も繰り返していくと、やがて、クラスターの状態は変化しなくなります。今の例であれば、再度、各クラスターの重心を計算して代表点を取り直した結果は、(f) のようになります。このとき、代表点の位置は変化しましたが、各データが属するクラスターは先ほどと変わりません。したがって、もう一度、重心を計算し直してもその位置は変わらず、この手続きはこれで終了することになります。

ここまで、k平均法によるクラスタリングの手続きを言葉で説明しましたが、なぜこれで自然なクラスターが得られるのでしょうか？　実は、この手続きは、次で定義される誤差関数を小さくする処理に対応しているのです。

$$E = \frac{1}{2}\sum_{n=1}^{N} \left|\mathbf{x}_n - \boldsymbol{\mu}_{k(n)}\right|^2 \tag{A-19}$$

上式に含まれる記号の説明をすると、$\mathbf{x}_n = (x_n, y_n)$は、$n$番目のデータの座標を表わすベクトルで、$\boldsymbol{\mu}_k$は、$k$番目のクラスターの代表点の座標に対応するベクトルです。$k(n)$というのは、n番目のデータが属するクラスターの番号kを表わしていると考えてください。これはつまり、「それぞれのデータと代表点の距離の2乗」をすべて加えた合計になっています[※10]。言い換えると、各データが代表点のより近くに集まることで、この誤差の値はより小さくなります。これが、k平均法によって、自然なクラスターが

※9 「重心」の正確な意味については、この後で説明します。

※10 頭の$\frac{1}{2}$は、この後で計算する、偏微分係数の表式を簡単にするためのものです。

得られる理由となります。

それでは、先ほどの手続きが、実際に(A-19)の誤差を小さくしていくことを示します。まず、代表点が任意に与えられたとき、(A-19)をできるだけ小さくするには、各データが属するクラスターをどのように選択するとよいでしょうか？　この答えは簡単で、各データに対して、最も近い代表点のクラスターを選択すればよいことになります。

次に、それぞれのデータがどのクラスターに属するかが決まっているとき、代表点を動かすことによって、上記の誤差を小さくすることはできるでしょうか？　(A-19)の誤差は、代表点の座標$\boldsymbol{\mu}_k$の関数として見た場合、これらの2次関数になっていることがわかります。したがって、偏微分係数が0になるという条件を満たすように代表点を取り直せば、誤差の値は必ず小さくなります。それでは、k番目の代表点$\boldsymbol{\mu}_k$のx座標をμ_{kx}として、偏微分係数$\dfrac{\partial E}{\partial \mu_{kx}}$を計算するとどうなるでしょうか？　(A-19)の$n$に関する和において、$\mu_{kx}$を含むのは、$k$番目のクラスターに属する点の$n$だけである点に注意すると、次の結果が得られます。

$$\frac{\partial E}{\partial \mu_{kx}} = -\sum_{n \in N_k} (x_n - \mu_{kx}) = -\sum_{n \in N_k} x_n + |N_k|\mu_{kx}$$

ここに、N_kは、k番目のクラスターに属する点のnの値を集めた集合で、$|N_k|$はその要素数、すなわち、k番目のクラスターに属するデータの個数になります。したがって、上式を0と置いてμ_{kx}を求めると、次の結果が得られます。

$$\mu_{kx} = \frac{1}{|N_k|} \sum_{n \in N_k} x_n$$

これは、k番目のクラスターに属する点の座標をすべて加えて、加えた個数で割ったものであり、座標の平均値を計算していることになります。$\boldsymbol{\mu}_k$のy座標をμ_{ky}とすると、こちらも同様に、

$$\frac{\partial E}{\partial \mu_{ky}} = -\sum_{n \in N_k} (y_n - \mu_{ky}) = -\sum_{n \in N_k} y_n + |N_k|\mu_{ky}$$

となることから、これが0になるという条件により、

$$\mu_{ky} = \frac{1}{|N_k|} \sum_{n \in N_k} y_n$$

が得られます。x座標とy座標の計算結果をベクトル形式でまとめると、次のようになります。

$$\boldsymbol{\mu}_k = \frac{1}{|N_k|} \sum_{n \in N_k} \mathbf{x}_n$$

これが、先に説明した「重心」の厳密な意味となります。ここであらためて、全体の手続きを整理すると次のようになります。ここまでの説明から、各データが属するクラスターを再選択する手順、そして、代表点を各クラスターに属するデータの重心に移動する手順は、どちらも、誤差を小さくすることがわかりました。もう少し厳密に言うと、少なくとも、これらの操作で誤差が大きくなることはありません。したがって、この手順を繰り返していけば、誤差の値は小さくなっていき、やがて極小値に達したところで手続きは終わります※11。

ただし、ロジスティック回帰の場合とは異なり、到達する極小値は、必ずしも最小値になるとは限りません。複数の極小点が存在する場合、最初に設定したパラメーターの値、すなわち、各クラスターの代表点の位置により、異なる極小点に到達する可能性があります。現実の問題にk平均法を適用する際は、複数の異なる初期値を用いて、前述の手続きを何度か繰り返します。それぞれで異なる結果が得られた場合、最終的な誤差の値が最も小さくなったものを最適なクラスターとして採用することにします。

ここで最後に、k平均法を用いた面白い応用例を紹介します。図A.6は、MNISTと呼ばれる、手書き数字の画像データセットです。0〜9の10種類の数字があるので、このデータセットにk平均法を適用して、同じ数字を含むクラスターに分類してみましょう。それぞれの画像は、$28 \times 28 = 784$ ピクセルのグレイスケールの画像で、実際の画像データの中身は、各ピクセルの濃度を表わす784個の数値になります。そこで、この数値の集まりを784次元空間の座標とみなし、それぞれの画像を784次元空間の1点に対応させた後に、これらの点の集合にk平均法を適用します。784次元空間を想

※11 やや細かい話ですが、N個のデータをK個のクラスターに分類する方法は、全部でK^N通りなので、誤差Eが取りうる値は、有限通りしかありません。したがって、この手続きで誤差の値が無限に小さくなり続けることはありえず、必ず有限回の操作で極小値に達します。

像するのは困難ですが、少なくとも、同じ数字の画像はピクセルの並びが似ているはずなので、同じ数字に対応する点が集まったクラスターが形成されると期待できます。このようなクラスターをk平均法で、実際に発見しようというわけです。

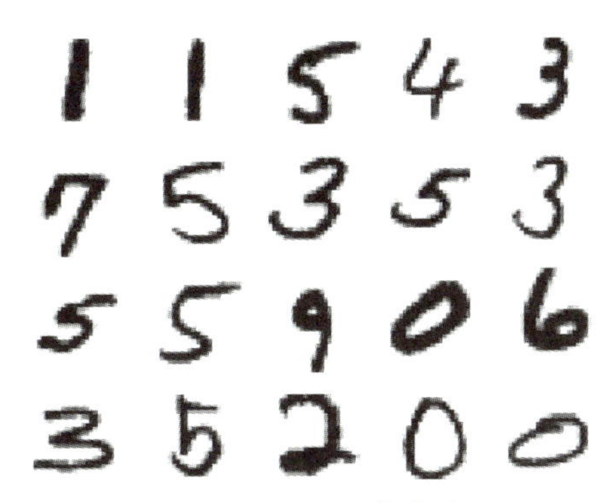

図A.6　MNISTの画像データ

図A.7は、「A.4　Python によるアルゴリズムの実装例」で紹介するコードを用いて、実際にクラスタリングを行なった結果です。ここでは、簡単のために、0、6、3の3種類の数字のみを抽出して処理を行なっています。左端の画像は、クラスターの重心、すなわち、代表点に相当する画像で、その右には、同じクラスターに属する画像データの例が示されています。あくまで、ピクセルの並びだけにもとづいた分類なので、すべてのデータを正しく分類できるという保証はありませんが、ここに表示された例については、うまく分類が行なわれているようです。

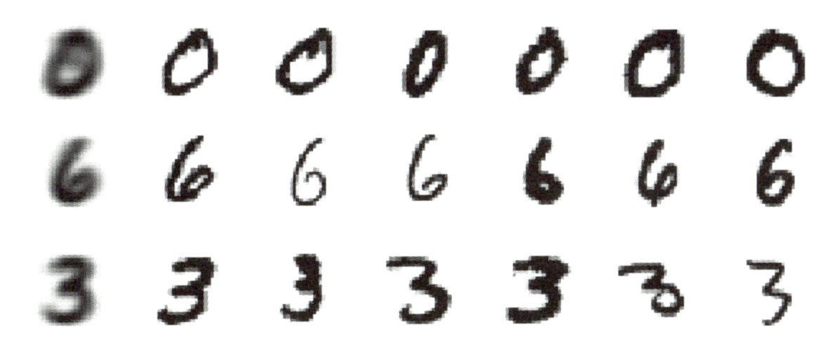

図A.7　画像データのクラスタリング結果

A4 Pythonによるアルゴリズムの実装例

本章で説明した機械学習のアルゴリズムをPythonを用いて実装したコードを参考として用意してあります。Google Colaboratoryを用いてブラウザの画面上で実行できる形にしてあるため、次の手順で実際に試してみることができます。Google Colaboratoryを利用するには、Gmailなどで利用するGoogleアカウントの登録が必要になるため、下記のURLから事前に登録をしておいてください。

- https://accounts.google.com/SignUp

はじめに、下記のURLからノートブックファイルを含む圧縮ファイルをダウンロードします。ダウンロードしたファイルをPC上で展開すると、拡張子が.ipynbの複数のファイルを含むフォルダが得られます。

- https://github.com/enakai00/jupyter_ml4se/raw/master/appendix_colab.zip

続いて、Chromeブラウザを用いて、下記のURLからGoogle Colaboratoryの環境にアクセスします※12。

- https://colab.research.google.com

Googleアカウントによるログインがまだ行なわれていない場合は、図A.8の画面が表示されるので、右上の「ログイン」ボタンを押してログインします。すると、ファイル選択画面が表示されますが、この画面は、一旦「キャンセル」で閉じます。その後、[ファイル] → [ノートブックをアップロード] のメニューを選択して、先ほど展開したノートブックファイル（拡張子が.ipynbのファイル）をアップロードすると、アルゴリズムを実装したPythonのコードを含むノートブック画面が表示されます（図A.9）。

※12　本書で提供するノートブックはChromeブラウザで動作確認を行なっているので、Chromeブラウザでの利用をおすすめします。

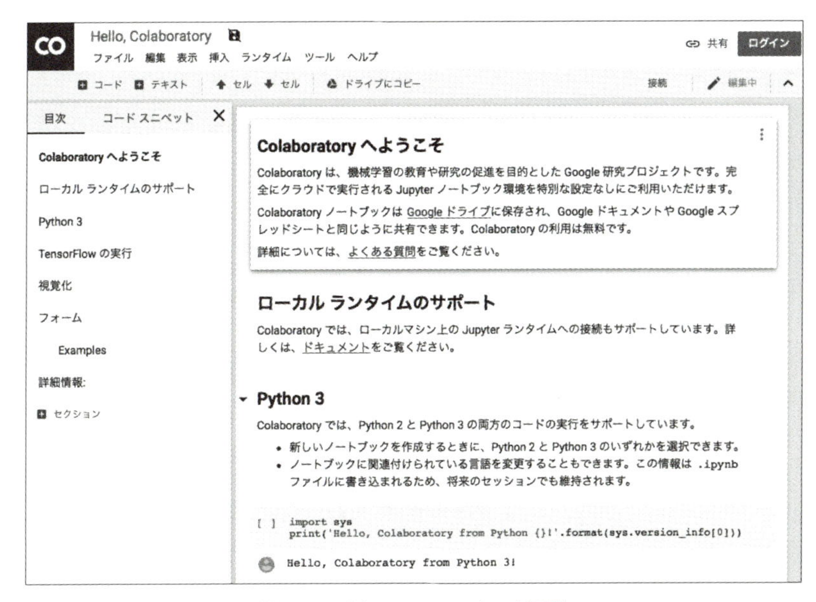

図A.8 Colaboratoryのスタート画面

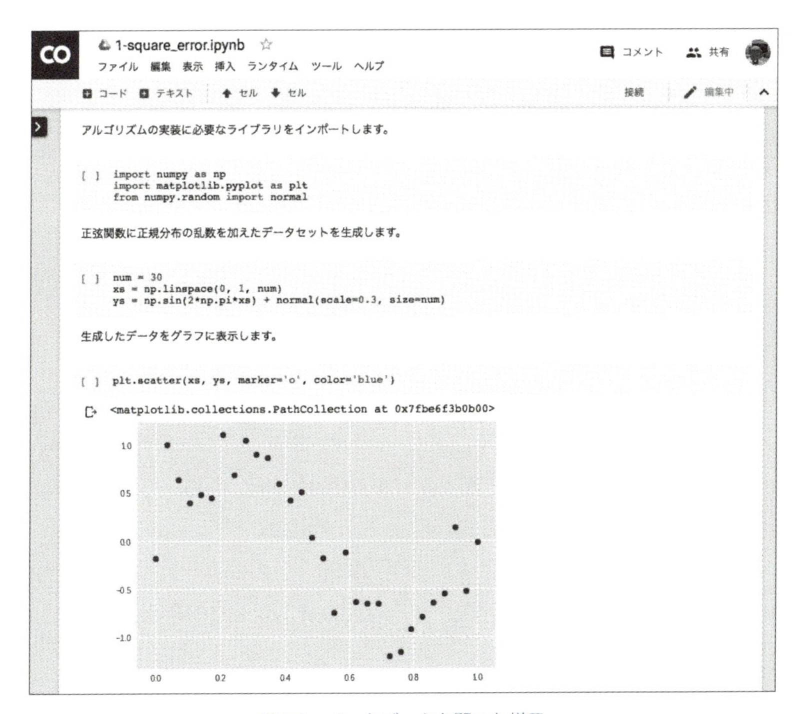

図A.9 ノートブックを開いた様子

ノートブックの画面上には、すでに実行結果が表示されていますが、［編集］→［出力をすべて消去］を選択すると、実行結果が消去されます。その後、［ランタイム］→［すべてのセルを実行］を選択すると、ノートブックに含まれるコードが上から順にすべて実行されます。それぞれのノートブックでは、乱数を用いて学習データを生成するようになっているので、実行ごとに異なる結果が得られます。何度か繰り返し実行して、結果の違いを比較するとよいでしょう。また、ノートブック内には、それぞれのコードの処理内容を簡単に説明したコメントも記載してありますので、そちらも参考にしてください。

なお、ノートブック内のコードでは、PythonのNumPyライブラリを用いて数値計算を行なっています。NumPyには、複雑な数式を簡潔に記載するブロードキャストルールと呼ばれる機能があり、これらのノートブックでもブロードキャストルールを多用しています。そのため、一見すると、本文に記載の数式と異なる計算を行なっているように見えるかもしれません。ブロードキャストルールを始めとする、NumPyを用いた数式の記述方法については、別途、脚注※13に示した書籍などの専門書を参照するとよいでしょう。

※13 『Pythonによるデータ分析入門 第2版 ―― NumPy、pandasを使ったデータ処理』（Wes McKinney／著、瀬戸山雅人・小林儀匡・滝口開資／訳、オライリー・ジャパン、2018年）

演習問題の解答

B1 第1章

問1

集合Aに含まれる要素について、目の組み合わせの数を考える。1つ目は任意なので365通り。2つ目は1つ目と同じものは除かれるので364通り。以下同様に考えると、Aの要素数は、

$$N_A = \underbrace{365 \cdot 364 \cdots 336}_{30\text{個}} = \frac{365!}{335!}$$

と決まる。一方、標本空間Ωの要素数は、365^{30}である。各要素、すなわち、各根元事象は同じ確率を持つので、$P(\Omega) = 1$という条件から、根元事象の確率は、

$$P_0 = \frac{1}{365^{30}}$$

となる。したがって、求める確率は、

$$P(A) = N_A P_0 = \frac{365!}{335!} \cdot \frac{1}{365^{30}} \fallingdotseq 0.293\cdots$$

と決まる。

問2

(1) 条件付き確率の定義より、

$$P(\overline{A}_n \mid \overline{A}_{n-1}) = \frac{P(\overline{A}_n \cap \overline{A}_{n-1})}{P(\overline{A}_{n-1})}$$

が成り立つ。一方、$A_n \cup \overline{A}_n = \overline{A}_{n-1}$より、$\overline{A}_n \subset \overline{A}_{n-1}$であり、$\overline{A}_n \cap \overline{A}_{n-1} = \overline{A}_n$が成り立つので、上式右辺の分子について、

$$P(\overline{A}_n \cap \overline{A}_{n-1}) = P(\overline{A}_n)$$

が成り立つ。これに問題で与えられた条件 $P(\overline{A}_n \mid \overline{A}_{n-1}) = \dfrac{5}{6}$ を代入して整理すると、次の漸化式が得られる。

$$P(\overline{A}_n) = \frac{5}{6}P(\overline{A}_{n-1})$$

これは、$\{P(\overline{A}_n)\}_{n=1}^{\infty}$ が公比 $\dfrac{5}{6}$ の等比数列であることを示しており、初項は、$P(\overline{A}_1) = \dfrac{5}{6}$（1回目に1が出ない確率）であることから、一般項は次のように決まる。

$$P(\overline{A}_n) = \left(\frac{5}{6}\right)^n$$

（2）条件付き確率の定義より、

$$P(A_n \mid \overline{A}_{n-1}) = \frac{P(A_n \cap \overline{A}_{n-1})}{P(\overline{A}_{n-1})}$$

が成り立つ。一方、$A_n \cup \overline{A}_n = \overline{A}_{n-1}$ より、$A_n \subset \overline{A}_{n-1}$ であり、$A_n \cap \overline{A}_{n-1} = A_n$ が成り立つので、上式右辺の分子について、

$$P(A_n \cap \overline{A}_{n-1}) = P(A_n)$$

が成り立つ。これに問題で与えられた条件 $P(A_n \mid \overline{A}_{n-1}) = \dfrac{1}{6}$ を代入して整理すると、（1）の結果を用いて、次の解が得られる。

$$P(A_n) = \frac{1}{6}P(\overline{A}_{n-1}) = \frac{1}{6}\left(\frac{5}{6}\right)^{n-1}$$

（3）無限等比級数の公式を用いると、次の結果が得られる。

$$\sum_{n=1}^{\infty} P(A_n) = \frac{\frac{1}{6}}{1 - \frac{5}{6}} = 1$$

問3

条件付き確率の定義より、次の関係が成り立つ。

$$P'(A) = P(A \mid B) = \frac{P(A \cap B)}{P(B)} \tag{B-1}$$

したがって、事象$\{\omega_1, \omega_2, \cdots\}$に対する確率は、

$$P'(\{\omega_1, \omega_2, \cdots\}) = \frac{P(\{\omega_1, \omega_2, \cdots\} \cap B)}{P(B)} \tag{B-2}$$

と書けるが、上式右辺の分子に含まれる$\{\omega_1, \omega_2, \cdots\} \cap B$は、集合の演算を用いて、次のように書き直すことができる。

$$\{\omega_1, \omega_2, \cdots\} \cap B = \left(\bigcup_{n=1}^{\infty} \{\omega_n\}\right) \cap B = \bigcup_{n=1}^{\infty} (\{\omega_n\} \cap B)$$

したがって、$i \neq j$であれば、$(\{\omega_i\} \cap B) \cap (\{\omega_j\} \cap B) = \phi$であることに注意すると、

$$P(\{\omega_1, \omega_2, \cdots\} \cap B) = \sum_{n=1}^{\infty} P(\{\omega_n\} \cap B)$$

が成り立つ。これを(B-2)に代入すると、次の結果が得られる。

$$\begin{aligned} P'(\{\omega_1, \omega_2, \cdots\}) &= \sum_{n=1}^{\infty} \frac{P(\{\omega_n\} \cap B)}{P(B)} = \sum_{n=1}^{\infty} P(\{\omega_n\} \mid B) \\ &= \sum_{n=1}^{\infty} P'(\{\omega_n\}) \end{aligned}$$

これで（i）が示された。次に、全事象Ωについては、$\Omega \cap B = B$であることから、(B-1)を用いて、次が成り立つ。

$$P'(\Omega) = \frac{P(\Omega \cap B)}{P(B)} = \frac{P(B)}{P(B)} = 1$$

これで（ii）が示された。

問4

事象の個数nについての数学的帰納法で示す。$n=2$の場合、示すべき関係式は、

$$P(B_1 \cap B_2) = P(B_1 \mid B_2)P(B_2)$$

であり、これは条件付き確率の定義と同値である。次に、$n-1$個の事象に対して成り立つと仮定して、n個の事象の場合を考える。まず、条件付き確率の定義より次が成り立つ。

$$\begin{aligned} P(B_1 \cap \cdots \cap B_n) &= P(B_1 \cap (B_2 \cap \cdots \cap B_n)) \\ &= P(B_1 \mid B_2, \cdots, B_n)P(B_2 \cap \cdots \cap B_n) \end{aligned} \tag{B-3}$$

ここで、$P(B_2 \cap \cdots \cap B_n) = 0$と仮定すると、$(B_1 \cap \cdots \cap B_n) \subset (B_2 \cap \cdots \cap B_n)$より、$P(B_1 \cap \cdots \cap B_n) \leq P(B_2 \cap \cdots \cap B_n) = 0$となり、$P(B_1 \cap \cdots \cap B_n) > 0$という前提に矛盾する。したがって、$P(B_2 \cap \cdots \cap B_n) > 0$であり、確かに(B-3)の条件付き確率を考えることができ、さらに、帰納法の前提より、

$$P(B_2 \cap \cdots \cap B_n) = P(B_2 \mid B_3, \cdots, B_n) \cdots P(B_n)$$

が成り立つ。これを(B-3)に代入すると、n個の事象についても示すべき関係が成り立つことがわかる。

問5

（1）A_2とA_3が独立であることから、

$$P(A_2 \cap A_3) = P(A_2)P(A_3) \tag{B-4}$$

が成り立ち、$P(A_2) > 0,\ P(A_3) > 0$より、$P(A_2 \cap A_3) > 0$が言える。したがって、条件付き確率$P(A_1 \mid A_2,\ A_3)$を考えることができて、定義より、次が成り立つ。

$$P(A_1 \mid A_2,\ A_3) = \frac{P(A_1 \cap A_2 \cap A_3)}{P(A_2 \cap A_3)}$$

(B-4)、および、$P(A_1 \cap A_2 \cap A_3) = P(A_1)P(A_2)P(A_3)$を上式に代入すると、示すべき関係の1つ、

$$P(A_1 \mid A_2,\, A_3) = P(A_1)$$

が得られる。他の2つについても同様となる。

(2) 対称性に注意すると、$A_3 = \{\omega_1,\, \omega_4\}$という候補が考えられる。実際に計算すると、

$$P(A_1 \cap A_3) = P(\{\omega_1\}) = \frac{1}{4}$$
$$P(A_1)P(A_3) = \frac{2}{4} \cdot \frac{2}{4} = \frac{1}{4}$$

であることから、A_1とA_3は独立である。A_2とA_3が独立であることも同様に成り立つ。一方、

$$P(A_1 \cap A_2 \cap A_3) = P(\{\omega_1\}) = \frac{1}{4}$$
$$P(A_1)P(A_2)P(A_3) = \frac{2}{4} \cdot \frac{2}{4} \cdot \frac{2}{4} = \frac{1}{8}$$

であることから、$P(A_1 \cap A_2 \cap A_3) = P(A_1)P(A_2)P(A_3)$は成り立たない。したがって、前述の$A_3$は、求める条件を満たしている（この他には、$A_3 = \{\omega_2,\, \omega_3\}$などの例も考えられる）。

(3) A_3はΩの真の部分集合（Ωとは一致しない）と仮定して、

$$P(A_1 \cap A_2 \cap A_3) = P(A_1)P(A_2)P(A_3) \qquad \text{(B-5)}$$

を満たすA_3を探してみる。今、$P(A_1) = P(A_2) = \dfrac{1}{2}$であることから、$P(A_1)P(A_2)P(A_3) \leq \dfrac{1}{4}$となるので、(B-5)が成り立つには、$A_1 \cap A_2 \cap A_3$の要素数は、2以下に限られる。

仮に $A_1 \cap A_2 \cap A_3$ の要素数が1だとすると、$P(A_1 \cap A_2 \cap A_3) = \frac{1}{8}$ となるので、(B-5) が成立するには、$P(A_3) = \frac{1}{2}$ であり、A_3 の要素数は4でなければならない。

以上の条件（$A_1 \cap A_2 \cap A_3$ の要素数は1で、A_3 の要素数は4）を考慮すると、たとえば、$A_3 = \{\omega_1, \omega_6, \omega_7, \omega_8\}$ と決まり、これは確かに(B-5)を満たしている。

(4) 図B.1に示した3次元的な対称性に注意すると、$A_3 = \{\omega_2, \omega_4, \omega_6, \omega_8\}$ という候補が考えられる。実際に計算すると、

$$P(A_1 \cap A_3) = P(\{\omega_2, \omega_4\}) = \frac{2}{8} = \frac{1}{4}$$
$$P(A_1)P(A_3) = \frac{4}{8} \cdot \frac{4}{8} = \frac{1}{4}$$

であることから、A_1 と A_3 は独立である。A_2 と A_3 が独立であることも同様に成り立つ。さらに、

$$P(A_1 \cap A_2 \cap A_3) = P(\{\omega_2\}) = \frac{1}{8}$$
$$P(A_1)P(A_2)P(A_3) = \frac{4}{8} \cdot \frac{4}{8} \cdot \frac{4}{8} = \frac{1}{8}$$

であることから、$P(A_1 \cap A_2 \cap A_3) = P(A_1)P(A_2)P(A_3)$ が成り立つ。したがって、前述の A_3 は、求める条件を満たしている。

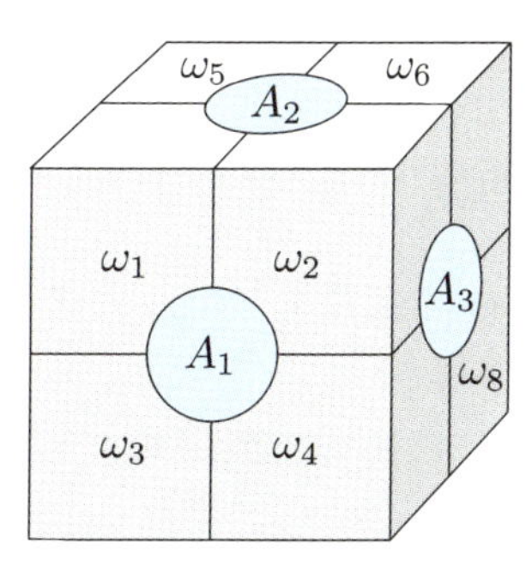

図B.1　独立事象 A_1, A_2, A_3 の例

B

B2 第2章

問1

Y_1の期待値を計算すると、

$$E(Y_1) = \frac{E(X_1) - E(X_1)}{\sqrt{V(X_1)}} + \frac{E(X_2) - E(X_2)}{\sqrt{V(X_2)}} = 0$$

となる。また、

$$\begin{aligned} Y_1^2 = &\frac{\{X_1 - E(X_1)\}^2}{V(X_1)} + \frac{\{X_2 - E(X_2)\}^2}{V(X_2)} \\ &+ 2\frac{\{X_1 - E(X_1)\}\{X_2 - E(X_2)\}}{\sqrt{V(X_1)V(X_2)}} \end{aligned}$$

となることから、分散$V(X_1), V(X_2)$、および、相関係数$\rho(X_1, X_2)$の定義、

$$\begin{aligned} V(X_1) &= E(\{X_1 - E(X_1)\}^2) \\ V(X_2) &= E(\{X_2 - E(X_2)\}^2) \\ \rho(X_1, X_2) &= \frac{E(\{X_1 - E(X_1)\}\{X_2 - E(X_2)\})}{\sqrt{V(X_1)V(X_2)}} \end{aligned} \tag{B-6}$$

を用いて、Y_1^2の期待値は次のように決まる。

$$E(Y_1^2) = \frac{V(X_1)}{V(X_1)} + \frac{V(X_2)}{V(X_2)} + 2\rho(X_1, X_2) = 2\{1 + \rho(X_1, X_2)\}$$

したがって、Y_1の分散は次のように表わされる。

$$V(Y_1) = E(Y_1^2) - E(Y_1)^2 = 2\{1 + \rho(X_1, X_2)\}$$

同様の計算により、Y_2の分散は次のように表わされる。

$$V(Y_2) = 2\{1 - \rho(X_1,\ X_2)\}$$

したがって、$V(Y_1) \geq 0,\ V(Y_2) \geq 0$ より、

$$-1 \leq \rho(X_1,\ X_2) \leq 1$$

が得られる。

問2

X' は、$x = 0, \cdots, N-1$ の値を取るので、期待値は次のように計算される。

$$E(X') = \sum_{x=0}^{N-1} x \frac{1}{N} = \frac{(N-1)N}{2N} = \frac{N-1}{2}$$

ここでは、次の1乗和の公式を用いた。

$$1 + 2 + \cdots + n = \frac{n(n+1)}{2}$$

同じく、X'^2 の期待値を計算すると、次が得られる。

$$E(X'^2) = \sum_{x=0}^{N-1} x^2 \frac{1}{N} = \frac{(N-1)N\{2(N-1)+1\}}{6N} = \frac{(N-1)(2N-1)}{6}$$

ここでは、次の2乗和の公式を用いた。

$$1 + 2^2 + \cdots + n^2 = \frac{n(n+1)(2n+1)}{6}$$

したがって、X' の分散は、次のように決まる。

$$\begin{aligned} V(X') = E(X'^2) - E(X')^2 &= \frac{(N-1)(2N-1)}{6} - \left(\frac{N-1}{2}\right)^2 \\ &= \frac{N^2-1}{12} \end{aligned}$$

これらを用いてXの期待値と分散を計算すると、次の結果が得られる。

$$E(X) = E(X' + a) = E(X') + a = \frac{2a + N - 1}{2} = \frac{a + b}{2}$$
$$V(X) = V(X' + a) = V(X') = \frac{N^2 - 1}{12} = \frac{(b - a + 1)^2 - 1}{12}$$

問3

定義に従って期待値を計算すると、次が得られる。

$$E(X) = \sum_{x=0}^{\infty} x \frac{e^{-\lambda}\lambda^x}{x!} = \sum_{x=1}^{\infty} \frac{e^{-\lambda}\lambda^x}{(x-1)!} = \lambda e^{-\lambda} \sum_{x'=0}^{\infty} \frac{\lambda^{x'}}{x'!} = \lambda e^{-\lambda} e^{\lambda} = \lambda$$

3つ目の等号では、$x' = x - 1$と変数変換を行ない、その後、e^{λ}のマクローリン展開を用いた。したがって、期待値は次に決まる。

$$E(X) = \lambda$$

同様にして、$E(X^2)$を計算する。

$$\begin{aligned} E(X^2) &= \sum_{x=0}^{\infty} x^2 \frac{e^{-\lambda}\lambda^x}{x!} = \sum_{x=1}^{\infty} x \frac{e^{-\lambda}\lambda^x}{(x-1)!} = \sum_{x'=0}^{\infty} \lambda(x'+1) \frac{e^{-\lambda}\lambda^{x'}}{x'!} \\ &= \lambda \sum_{x'=0}^{\infty} x' \frac{e^{-\lambda}\lambda^{x'}}{x'!} + \lambda e^{-\lambda} \sum_{x'=0}^{\infty} \frac{\lambda^{x'}}{x'!} = \lambda E(X) + \lambda e^{-\lambda} e^{\lambda} \\ &= \lambda^2 + \lambda \end{aligned}$$

したがって、分散は次に決まる。

$$V(X) = E(X^2) - E(X)^2 = \lambda^2 + \lambda - \lambda^2 = \lambda$$

問4

XとYの共分散$\mathrm{Cov}(X, Y)$を計算すると、次が得られる。

$$
\begin{aligned}
\mathrm{Cov}(X, Y) &= E(XY) - E(X)E(Y) \\
&= E(X(aX + b)) - E(X)E(aX + b) \\
&= E(aX^2 + bX) - E(X)\{aE(X) + b\} \\
&= aE(X^2) + bE(X) - aE(X)^2 - bE(X) \\
&= a\{E(X^2) - E(X)^2\} = aV(X)
\end{aligned}
$$

同様にして、$\sqrt{V(X)V(Y)}$ を計算すると、次が得られる。

$$
\sqrt{V(X)V(Y)} = \sqrt{V(X)V(aX + b)} = \sqrt{a^2V(X)V(X)} = |a|V(X)
$$

これらの結果を利用すると、相関係数 $\rho(X, Y)$ は次のように計算される。

$$
\rho(X, Y) = \frac{\mathrm{Cov}(X, Y)}{\sqrt{V(X)V(Y)}} = \frac{aV(X)}{|a|V(X)} = \frac{a}{|a|} = \pm 1
$$

問5

n 人に表示した際のクリック数は、$p = 0.05$ の二項分布 $\mathrm{Bn}(p, n)$ に従うことから、x 人がクリックする確率は、次式で与えられる。

$$
p_X(x) = {}_n\mathrm{C}_x p^x (1 - p)^{n-x}
$$

したがって、クリックするユーザーが20人に満たない確率は、次で計算される。

$$
P = \sum_{x=0}^{19} p_X(x) = \sum_{x=0}^{19} {}_n\mathrm{C}_x p^x (1 - p)^{n-x}
$$

この確率が10%未満であればよいので、$P < 0.1$ を満たす最も小さなnを求めればよい。コンピュータープログラムを用いて数値計算すると、

$$
\begin{aligned}
&n = 514 \text{ のとき } P = 0.1009\cdots \\
&n = 515 \text{ のとき } P = 0.0992\cdots
\end{aligned}
$$

となることから、求める人数は515人と決まる。参考までに、このときの確率関数 $p(x)$ のグラフは図B.2のようになる。

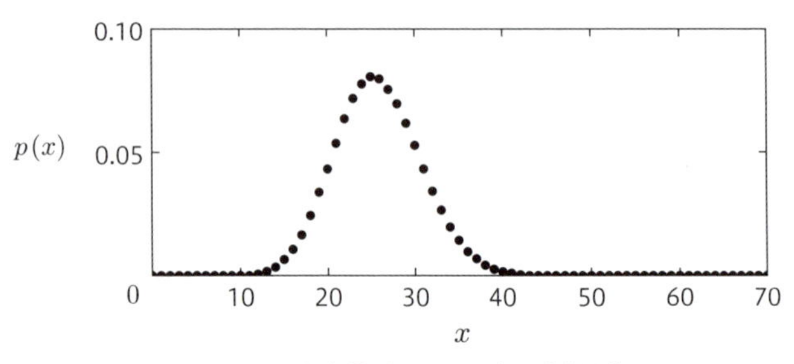

図B.2　二項分布 Bn(0.05, 515) の確率関数

問6

1週間あたりのメッセージ保存件数が期待値 $\lambda = 3$ のポアソン分布に従うことから、1週間の保存件数が x 件である確率は次式で与えられる。

$$p_X(x) = \frac{e^{-\lambda}\lambda^x}{x!}$$

したがって、1週間の保存件数が n 件以下である確率は、次で計算される。

$$P = \sum_{x=0}^{n} p_X(x) = \sum_{x=0}^{n} \frac{e^{-\lambda}\lambda^x}{x!}$$

この確率が90%以上であればよいので、$P \geq 0.9$ を満たす最も小さな n を求めればよい。コンピュータープログラムを用いて数値計算すると、

$$n = 4 \text{ のとき } P = 0.815\cdots$$
$$n = 5 \text{ のとき } P = 0.916\cdots$$

となることから、最大保存件数は5件と決まる。参考までに、上記の確率 P を n の関数としてグラフに表わすと図B.3のようになる。

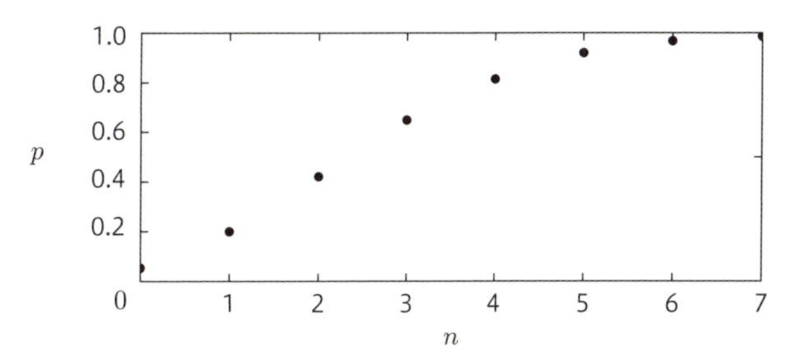

図B.3　メッセージ保存件数がn件以下の確率

第3章

問1

表記をわかりやすくするために、集合 A, B が $A \cap B = \phi$ を満たすとき、和集合 $A \cup B$ を $A + B$ と表わすことにする。

(1) 図B.4より、$A'_1 = A_1^{\mathrm{C}} \cap A_2$ として、次の関係が成り立つ。

$$
\begin{aligned}
A_1 \cup A_2 &= A'_1 + A_1 \\
A_2 &= A'_1 + (A_1 \cap A_2)
\end{aligned}
$$

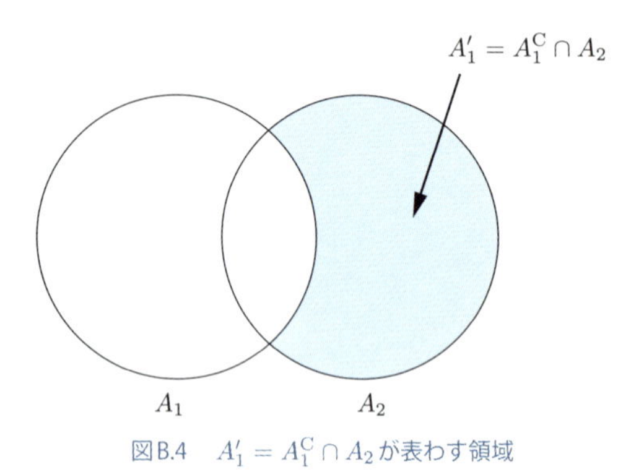

図B.4　$A'_1 = A_1^{\mathrm{C}} \cap A_2$ が表わす領域

したがって、確率 P に対する要請P3より、次が成り立つ。

$$
\begin{aligned}
P(A_1 \cup A_2) &= P(A'_1) + P(A_1) \\
P(A_2) &= P(A'_1) + P(A_1 \cap A_2)
\end{aligned}
$$

これらより $P(A'_1)$ を消去すると、求める関係、

$$
P(A_1 \cup A_2) = P(A_1) + P(A_2) - P(A_1 \cap A_2)
$$

が得られる。

(2) 一般に、集合Aに対して、集合Bを加えた和集合$A \cup B$を構成する際、$B' = A^{\mathrm{C}} \cap B$とすると、$A \cup B = A + B'$と書き直すことができる。したがって、$A_1, A_2, \cdots$に対して、順次、次の関係が成立する。

$$\begin{aligned}
A_1 \cup A_2 &= A_1 + (A_1^{\mathrm{C}} \cap A_2) \\
(A_1 \cup A_2) \cup A_3 &= (A_1 \cup A_2) + ((A_1 \cup A_2)^{\mathrm{C}} \cap A_3) \\
&= A_1 + (A_1^{\mathrm{C}} \cap A_2) + ((A_1 \cup A_2)^{\mathrm{C}} \cap A_3) \\
&\vdots
\end{aligned}$$

これより、一般に、

$$A'_n = \left(\bigcup_{i=1}^{n} A_i \right)^{\mathrm{C}}$$

と置いて、

$$\bigcup_{i=1}^{\infty} A_i = A_1 + (A'_1 \cap A_2) + (A'_2 \cap A_3) + \cdots$$

が成り立つ。また、一般に、$A'_{n-1} \cap A_n \subset A_n$であることから、

$$P(A'_{n-1} \cap A_n) \leq P(A_n)$$

が成り立つ。したがって、

$$\begin{aligned}
P(\bigcup_{i=1}^{\infty} A_i) &= P(A_1) + P(A'_1 \cap A_2) + P(A'_2 \cap A_3) + \cdots \\
&\leq P(A_1) + P(A_2) + P(A_3) + \cdots
\end{aligned}$$

となり、これで求める関係式が示された。

問2

B1. $A = \mathbf{R}$のときを考えると、

$$\Omega_A = \{\omega \in \Omega \mid X(\omega) \in \mathbf{R}\} = \Omega \in \mathcal{B}$$

となることから、$\Omega_A \in \mathcal{B}$ であり、$A \in \mathcal{B}_X$、すなわち、$\mathbf{R} \in \mathcal{B}_X$ が成り立つ。

B2. $A \in \mathcal{B}_X$ とするとき、$\Omega_A \in \mathcal{B}$ より、$\Omega_A^{\mathrm{C}} \in \mathcal{B}$ が成り立つ。一方、

$$\Omega_A = \{\omega \in \Omega \mid X(\omega) \in A\}$$

より、

$$\Omega_A^{\mathrm{C}} = \{\omega \in \Omega \mid X(\omega) \in A^{\mathrm{C}}\}$$

と表わされるので、これより、$A^{\mathrm{C}} \in \mathcal{B}_X$ が成り立つ。

B3. $A_1,\, A_2, \cdots \in \mathcal{B}_X$ とするとき、$i = 1,\, 2, \cdots$ に対して、

$$\Omega_{A_i} = \{\omega \in \Omega \mid X(\omega) \in A_i\}$$

として、$\Omega_{A_i} \in \mathcal{B}$ であり、これより、

$$\bigcup_{i=1}^{\infty} \Omega_{A_i} \in \mathcal{B}$$

が成り立つ。一方、$A' = \bigcup_{i=1}^{\infty} A_i$ として、

$$\Omega_{A'} = \{\omega \in \Omega \mid X(\omega) \in \bigcup_{i=1}^{\infty} A_i\}$$

となるが、これは、

$$\Omega_{A'} = \bigcup_{i=1}^{\infty} \Omega_{A_i}$$

と書き直すことができる。したがって、$\Omega_{A'} \in \mathcal{B}$ であり、$A' \in \mathcal{B}_X$ が成り立つ。

P1. $P_X(A) = P(\Omega_A)$ より、$P_X(A) \geq 0$ は自明に成り立つ。

P2. $A = \mathbf{R}$ のときを考えると、

$$\Omega_A = \{\omega \in \Omega \mid X(\omega) \in \mathbf{R}\} = \Omega$$

となるので、$P_X(\mathbf{R}) = P(\Omega) = 1$ が成り立つ。

P3. $A_1, A_2, \cdots \in \mathcal{B}_X$、かつ、$A_i \cap A_j = \phi\,(i \neq j)$ とするとき、$i = 1, 2, \cdots$ に対して、

$$\Omega_{A_i} = \{\omega \in \Omega \mid X(\omega) \in A_i\}$$

として、$\Omega_{A_i} \cap \Omega_{A_j} = \phi\,(i \neq j)$ が成り立つ。一方、$A' = \bigcup_{i=1}^{\infty} A_i$ として、

$$\Omega_{A'} = \{\omega \in \Omega \mid X(\omega) \in \bigcup_{i=1}^{\infty} A_i\}$$

となるが、これは、

$$\Omega_{A'} = \bigcup_{i=1}^{\infty} \Omega_{A_i}$$

と書き直すことができる。したがって、

$$P_X(A') = P(\Omega_{A'}) = P(\bigcup_{i=1}^{\infty} \Omega_{A_i}) = \sum_{i=1}^{\infty} P(\Omega_{A_i}) = \sum_{i=1}^{\infty} P_X(A_i)$$

となり、これより、

B

$$P_X(\bigcup_{i=1}^{\infty} A_i) = \sum_{i=1}^{\infty} P_X(A_i)$$

が成り立つ。

問3

(1) $X = \sigma W + \mu$ となることから、次の同値関係が成り立つ。

$$W(\omega) \in [a,\, b] \;\Leftrightarrow\; X(\omega) \in [\sigma a + \mu,\, \sigma b + \mu]$$

したがって、$W(\omega) \in [a,\, b]$ である確率 P_{ab} は、$X(\omega) \in [\sigma a + \mu,$ $\sigma b + \mu]$ である確率と同じであり、X の確率密度関数 $f(x)$ を用いて、次で計算される。

$$P_{ab} = \int_{\sigma a+\mu}^{\sigma b+\mu} f(x)\,dx$$

(2) 変数 $x' = \dfrac{x-\mu}{\sigma}$ を用いて置換積分を行なう。x が $\sigma a + \mu$ から $\sigma b + \mu$ を動くとき、x' は a から b を動く。また、$x = \sigma x' + \mu$ より、

$$\frac{dx}{dx'} = \sigma$$

が成り立つ。したがって、次の関係が成り立つ。

$$P_{ab} = \int_{\sigma a+\mu}^{\sigma b+\mu} f(x)\,dx = \int_a^b f(\sigma x' + \mu)\frac{dx}{dx'}\,dx' = \int_a^b \sigma f(\sigma x' + \mu)\,dx'$$

積分変数を x に戻すと、結局、次の関係が成立する。

$$P_{ab} = \int_a^b \sigma f(\sigma x + \mu)\,dx$$

これより、W の確率密度関数は、次式で与えられることがわかる。

$$f_W(x) = \sigma f(\sigma x + \mu)$$

(3) Xが正規分布に従う場合、確率密度関数は、次式で与えられる。

$$f(x) = \frac{1}{\sqrt{2\pi\sigma^2}} \exp\left\{-\frac{(x-\mu)^2}{2\sigma^2}\right\}$$

したがって、(2) の結果を用いると、Wの確率密度関数は次式で与えられる。

$$f_W(x) = \sigma f(\sigma x + \mu) = \frac{1}{\sqrt{2\pi}} \exp\left(-\frac{x^2}{2}\right)$$

これは、標準正規分布の確率密度関数に一致しており、これより、Wは標準正規分布に従うことがわかる。

B

問4

問題文で与えられた定積分の値は、標準正規分布に従う確率変数が$x \geq 1$を満たす値を取る確率であることに注意する。今、問題で与えられた果実の重さが従う確率変数をXとすると、これは、期待値$\mu = 172$、標準偏差$\sigma = 5.5$の正規分布に従う。したがって、新しい確率変数$W = \dfrac{X-\mu}{\sigma}$を定義すると、問3の結果より、$W$は標準正規分布に従う。

このとき、Xが$[\mu - \sigma,\ \mu + \sigma]$に含まれる確率は、$W$が$[-1,\ 1]$に含まれる確率$P$と同じであり、標準正規分布の確率密度関数を$f(x)$として、次の関係が成り立つ。

$$P = \int_{-1}^{1} f(x)\,dx = 1 - 2\int_{1}^{\infty} f(x)\,dx$$

ここでは、次の関係を用いた。

$$1 = \int_{-\infty}^{\infty} f(x)\,dx = \int_{-\infty}^{-1} f(x)\,dx + \int_{-1}^{1} f(x)\,dx + \int_{1}^{\infty} f(x)\,dx$$

$$\int_{-\infty}^{-1} f(x)\,dx = \int_{1}^{\infty} f(x)\,dx$$

よって、与えられた定積分の値を用いて、次の結果が得られる。

$$P = 1 - 2 \times 0.1587 = 0.6826$$

問5

(1)「3.3 正規分布の性質」で示した(3-34)を用いると、確率変数(X_1', X_2')の分散共分散行列C'は次式で与えられる。

$$C' = R^{\mathrm{T}} C R$$

したがって、問題文で与えられた回転行列Rを用いると、次の結果が得られる。

$$C' = \begin{pmatrix} \frac{1}{\sqrt{2}} & \frac{1}{\sqrt{2}} \\ -\frac{1}{\sqrt{2}} & \frac{1}{\sqrt{2}} \end{pmatrix} \begin{pmatrix} \sigma_1^2 & 0 \\ 0 & \sigma_2^2 \end{pmatrix} \begin{pmatrix} \frac{1}{\sqrt{2}} & -\frac{1}{\sqrt{2}} \\ \frac{1}{\sqrt{2}} & \frac{1}{\sqrt{2}} \end{pmatrix}$$
$$= \begin{pmatrix} \frac{\sigma_1^2 + \sigma_2^2}{2} & \frac{\sigma_2^2 - \sigma_1^2}{2} \\ \frac{\sigma_2^2 - \sigma_1^2}{2} & \frac{\sigma_1^2 + \sigma_2^2}{2} \end{pmatrix}$$

(2) X_1とX_2の分散が入れ替わっていることから、X_1とX_2の方向を入れ替える変換、すなわち、$\theta = \frac{\pi}{2}$とした回転行列Rによる変換で実現できると考えられる(図B.5)※1。実際に、

※1 (X_1', X_2')は(X_1, X_2)を角$-\theta$回転したものである点に注意。

$$R = \begin{pmatrix} \cos\dfrac{\pi}{2} & -\sin\dfrac{\pi}{2} \\ \sin\dfrac{\pi}{2} & \cos\dfrac{\pi}{2} \end{pmatrix} = \begin{pmatrix} 0 & -1 \\ 1 & 0 \end{pmatrix}$$

として、$C' = R^{\mathrm{T}}CR$ を計算すると次の結果が得られる。

$$C' = \begin{pmatrix} 0 & 1 \\ -1 & 0 \end{pmatrix} \begin{pmatrix} \sigma_1^2 & 0 \\ 0 & \sigma_2^2 \end{pmatrix} \begin{pmatrix} 0 & -1 \\ 1 & 0 \end{pmatrix} = \begin{pmatrix} \sigma_2^2 & 0 \\ 0 & \sigma_1^2 \end{pmatrix}$$

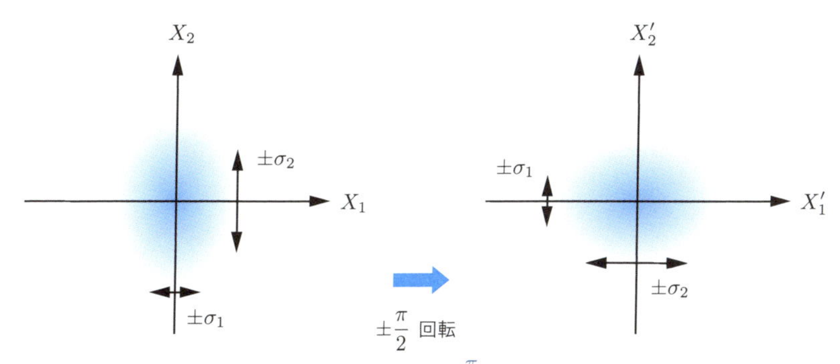

図B.5　2次元正規分布を $\frac{\pi}{2}$ 回転する様子

あるいは、回転の方向を変えて、

$$R = \begin{pmatrix} \cos\left(-\dfrac{\pi}{2}\right) & -\sin\left(-\dfrac{\pi}{2}\right) \\ \sin\left(-\dfrac{\pi}{2}\right) & \cos\left(-\dfrac{\pi}{2}\right) \end{pmatrix} = \begin{pmatrix} 0 & 1 \\ -1 & 0 \end{pmatrix}$$

としても同じ結果が得られる。

(3) X_1' と X_2' の分散をそれぞれ σ_1^2, σ_2^2 として、(X_1', X_2') の分散共分散行列 C' が次の対角行列になればよい。

$$C' = \begin{pmatrix} \sigma_1^2 & 0 \\ 0 & \sigma_2^2 \end{pmatrix}$$

このとき、$C' = R^{\mathrm{T}}CR = R^{-1}CR$という関係を考えると、これは、回転行列（$\det R = 1$の直交行列）によって、$C$が対角化されることを示している。したがって、行列$C$を対角化する問題、すなわち、$C$の固有値問題を解くことで$R$が決定できる。具体的には、$C$の固有ベクトル$\mathbf{v}_1,\,\mathbf{v}_2$で正規直交化されたものを求めれば、次式によって、$C$を対角化する回転行列$R$が決定される。

$$R = [\mathbf{v}_1 \;\; \mathbf{v}_2]$$

今の場合、Cが対称行列であることから、このような正規直交系は必ず存在する（上記で決まる直交行列Rは、一般に、$\det R = \pm 1$を満たすが、$\det R = -1$となった場合は、$\mathbf{v}_1$、もしくは、$\mathbf{v}_2$の符号を変えれば、$\det R = 1$にできる）。

はじめに、Cの固有方程式を考えると、

$$\begin{aligned}\det(C - \lambda I) &= \det\begin{pmatrix} 5-\lambda & 2 \\ 2 & 2-\lambda \end{pmatrix} \\ &= \lambda^2 - 7\lambda + 6 = (\lambda - 6)(\lambda - 1)\end{aligned}$$

となるので、Cの固有値は$\lambda = 1,\,6$と決まる。$\lambda = 1$に対応する固有ベクトルを$\mathbf{v}_1 = (x_1,\,x_2)^{\mathrm{T}}$とすると、固有ベクトルを決定する方程式、

$$(C - I)\mathbf{v}_1 = 0$$

より、

$$\begin{pmatrix} 4 & 2 \\ 2 & 1 \end{pmatrix}\begin{pmatrix} x_1 \\ x_2 \end{pmatrix} = 0$$

が得られる。これは、$2x_1 + x_2 = 0$と同値であり、$|\mathbf{v}_1| = 1$に正規化した解は次に決まる。

$$\mathbf{v}_1 = \begin{pmatrix} \dfrac{1}{\sqrt{5}} \\ -\dfrac{2}{\sqrt{5}} \end{pmatrix}$$

同様にして、$\lambda = 6$ に対応する、固有ベクトルを $\mathbf{v}_2 = (x_1,\, x_2)^{\mathrm{T}}$ とすると、固有ベクトルを決定する方程式

$$(C - 6I)\mathbf{v}_2 = 0$$

より、

$$\begin{pmatrix} -1 & 2 \\ 2 & -4 \end{pmatrix} \begin{pmatrix} x_1 \\ x_2 \end{pmatrix} = 0$$

が得られる。これは、$-x_1 + 2x_2 = 0$ と同値であり、$|\mathbf{v}_2| = 1$ に正規化した解は次に決まる。

$$\mathbf{v}_2 = \begin{pmatrix} \dfrac{2}{\sqrt{5}} \\ \dfrac{1}{\sqrt{5}} \end{pmatrix}$$

このとき、これらの固有ベクトルを並べた行列 $[\mathbf{v}_1 \quad \mathbf{v}_2]$ は行列式が 1 になっており、回転行列としての条件を満たしている。よって、次が求める R となる。

$$R = \frac{1}{\sqrt{5}} \begin{pmatrix} 1 & 2 \\ -2 & 1 \end{pmatrix}$$

また、このとき、

$$C' = R^{\mathrm{T}} C R = \begin{pmatrix} 1 & 0 \\ 0 & 6 \end{pmatrix}$$

となることから、$V(X_1') = 1,\ V(X_2') = 6$ と決まる。

B

索引

定理

定義

●記号・数字

●G

●I

●K

●M

●P

●あ

●お

●か

●せ

●そ

●た

●ち

●て

●と

●に

●は

●ひ

●ふ

●へ

●ほ

●む

●め

●ゆ

●よ

●り

●る

●れ

●ろ

著者

中井 悦司（なかい えつじ）

1971年4月大阪生まれ。ノーベル物理学賞を本気で夢見て、理論物理学の研究に没頭する学生時代、大学受験教育に情熱を傾ける予備校講師の頃、そして、華麗なる（?）転身を果たして、外資系ベンダーでLinuxエンジニアを生業にするに至るまで、妙な縁が続いて、常にUnix/Linuxサーバと人生を共にする。その後、Linuxディストリビューターのエバンジェリストを経て、現在は、米系IT企業のCloud Solutions Architectとして活動。

最近は、機械学習をはじめとするデータ活用技術の基礎を世に広めるために、講演活動のほか、雑誌記事や書籍の執筆にも注力。主な著書は、『［改訂新版］プロのためのLinuxシステム構築・運用技術』『Docker実践入門』『ITエンジニアのための機械学習理論入門』（いずれも技術評論社）、『TensorFlowで学ぶディープラーニング入門』（マイナビ出版）、『技術者のための基礎解析学』『技術者のための線形代数学』（いずれも翔泳社）など。

付属データのご案内

●「主要な定理のまとめ」PDFデータ

本書の各章末に掲載した「主要な定理のまとめ」を抜き出した小冊子（PDF形式）。この付属データは、以下のサイトからダウンロードできます。

https://www.shoeisha.co.jp/book/download/9784798157863

※付属データに関する権利は著者および株式会社翔泳社が所有しています。許可なく配布したり、Webサイトに転載することはできません。
※付属データの提供は予告なく終了することがあります。あらかじめご了承ください。

会員特典データのご案内

●「お年玉の確率問題 ── 解説編」PDFデータ

本書『技術者のための確率統計学』では、「現実世界の不確定な現象をコンピューターの乱数によるシミュレーションで再現する」という視点で確率モデルを説明しました。本特典では、第1章で紹介した「お年玉」に関する確率問題について、実際に確率モデルを構成することで、この問題に含まれた「トリック」を解き明かします。また、この問題について、Pythonのコードを用いて、実際にコンピューターシミュレーションを行なう例も紹介します。

この会員特典データは、以下のサイトからダウンロードできます。

https://www.shoeisha.co.jp/book/present/9784798157863

※会員特典データをダウンロードには、SHOEISHA iD（翔泳社が運営する無料の会員制度）への会員登録が必要です。詳しくは、Webサイトをご覧ください。
※会員特典データに関する権利は著者および株式会社翔泳社が所有しています。許可なく配布したり、Webサイトに転載することはできません。
※会員特典データの提供は予告なく終了することがあります。あらかじめご了承ください

本文デザイン・装丁　轟木 亜紀子（株式会社トップスタジオ）
DTP　株式会社シンクス
校正協力　森隼基、株式会社聚珍社

技術者のための確率統計学
大学の基礎数学を本気で学ぶ

2018年 9月18日　初版第1刷発行

著　者　中井 悦司（なかい えつじ）
発行人　佐々木 幹夫
発行所　株式会社 翔泳社（https://www.shoeisha.co.jp）
印刷・製本　株式会社ワコープラネット

ISBN978-4-7981-5786-3　Printed in Japan